# Life History Monographs of Japanese Plants
## Volume I

Spring Plants No. 1

Editor

**Shoichi KAWANO**

2004

Hokkaido University Press

# 植物生活史図鑑 I

春の植物 No.1

監修
河野昭一

北海道大学図書刊行会

❖Editor:
Shoichi Kawano
　Professor Emeritus, Kyoto University; Visiting Professor, The University of the Air; Member of the EM Committee, IUCN

❖Authors:
Kazuhiko Hayashi
　Professor (Biology), Faculty of Economics, Osaka Gakuin University
Yoshimichi Hori
　Professor, Faculty of Science, Ibaraki University
Shoichi Kawano
　Professor Emeritus, Kyoto University
Junzo Masuda
　Daiichi Yakuhin Kougyou Co., Ltd.
Yukio Nagai
　Director, Scientific Information Section, Toyama Prefectural General Education Center
Yoko Nishikawa
　Research Biologist, Hokkaido Institute of Environmental Sciences
Masashi Ohara
　Professor, Graduate School of Environmental Earth Science, Hokkaido University
Hideki Takasu
　Professor, Faculty of Education, Wakayama University

❖Collaborators:
Akira Hiratsuka, Hideaki Nakashima, Minori Oda, Taro Okayasu, Ken Sato, and Noriko Tanigami

❖Illustrators:
Rumiko Banba, Nobuhiro Kawano, Yoko Nakagawa, and Setsuko Takayama

❖Photographers:
Kazuhiko Hayashi, Yoshimichi Hori, Yujiro Horii, Nobuhiro Kawano, Shoichi Kawano, Junzo Masuda, Yukio Nagai, Yoko Nishikawa, Masashi Ohara, Hajime Tanaka, and Shun Umezawa

❖Distribution Map:
Map design/Chiharu Karasaki, Shoichi Kawano, and Kazuhiko Hayashi
All geographical maps of species included in this volume were prepared in collaboration with the following staffs and colleagues: Shizuka Fuse, Kazuhiko Hayashi, Kazushige Honda, Yoshimichi Hori, Yujiro Horii, Hiroshi Igarashi, Yukio Ishikawa, Susumu Ishizawa, Shoichi Kawano, Yukio Nagai, Masatomo Suzuki, and Takao Wakasugi

❖Book Designer:
Kouichi Ito


Life History Monographs of Japanese Plants Volume I, Spring Plants No.1
©2004 by Hokkaido University Press
All rights reserved. No part of this publication may be reproduced or transmitted
in any form or by any means, electronic or mechanical, including photocopy,
recording, or any information storage and retrieval system, without
permission in writing from the publisher.

Hokkaido University Press, Sapporo, Japan
ISBN 4-8329-1371-9
Printed in Japan

# 「植物生活史図鑑」のめざすもの

　21世紀にはいり，地球環境の危機が叫ばれ，自然界における「生物多様性」の保護・保全がさまざまなレベルで問題視されている昨今である。「生物多様性」の保護・保全という言葉は今や，流行語とさえなっている感があるが，自然界における植物の種が，それぞれいかなる環境下に分布・生活し，「個体の生存」と「集団の維持」がどのようにして持続的に保たれているかに関する正確な理解なしには，野生種の本来あるべき姿での保護・保全はおぼつかない。絶滅が危惧される希少植物種の人工増殖による保護・保全が，有効な処方箋として声だかに語られている向きもあるが，自然界における個々の種の集団維持の仕組みの全貌を可能な限り正確に把握することなしに，「種」の持続的な保護・保全をはかることは難しい。

　この「植物生活史図鑑」のシリーズでは，自然界で，ある特定の植物の〝種〟が生き永らえ，代々その後代個体がいかに存続しているか，その姿をまず明らかにする。すなわち自然環境下における地理的・生態的分布を背景に，個々の種の地域集団という〝まとまり〟がいかに持続的に維持されているか，その仕組みの本質をまず学ぶことが重要である。また特定の植物の種の生存には，どれほど多くのほかの生物たち，とくに植物の繁殖に不可欠な花粉の運び屋である虫や鳥たち，そしてできあがった次世代の担い手である種子や果実の運び屋であるさまざまな動物たちとの共存の世界，すなわち「共生系」の存在が，特定の植物の種集団の存続にとって，いかに決定的な意味をもっているか，その本質を学ばねばならない。

　そのためには，個々の植物の種のもつ「生活史特性」，「生活史過程」に関する正確な情報の集積と把握がまず必要である。したがって，解説は，生物多様性の世界を学ぶ原点ともいうべき植物たちの多様で，多彩な生きざまを，個々の種のもつ生活史特性，生活史過程を通じて具体的に学ぶことから始めていく。次世代個体を生みだす有性，無性のさまざまな仕組み，親から独立した有性繁殖体（ジェネット），無性繁殖体（ラメット）が，それぞれ成熟個体に達するまでに要するその時間，発育相の切り換え過程で起こるさまざまなできごと，どれ1つを取りあげても，植物の生活史過程は個々の種集団成立の基盤にある生活環境を忠実に反映しているという動かしがたい事実の確認がまず大切である。近縁種の多様性にみられる「系統の制約」と「環境の制約」の相互作用の意味するものは何か，さらに生態的放散分化の背景の解明，生態的同位種にみる集団維持の機構とその生活環境の多様性にまで目配りができれば，その所期の目的は達成されたといえよう。

2004年早春　　　　　　　　　　　　　　　　　　　　　　　　　監修者　河野　昭一

# Preface: "Life History Monographs of Japanese Plants"
## ——Its Goal and Role in Conservation——

The world crisis of the conservation of various ecosystems and biodiversity is the most urgent and important issue for all human beings in the 21st century. In order to preserve remaining wilderness and all living beings, including plants and animals, on this planet, we must take immediate actions not only in our own country but all over the world as soon as possible.

In this Monograph Series entitled "Life History Monographs of Japanese Plants", we have attempted to accumulate all possible basic scientific information concerning the life history processes and adaptive strategies of wild plant species in Japan, placing much emphasis on clarifying the mechanisms of maintenance for each plant species at the population level, their biotic relationships with all organisms in their habitats, and coadaptive relationships including pollinators, seed dispersal agents, and even parasites.

This sort of very basic knowledge is indispensable for the conservation of wilderness and all the native species. Our understanding must be based upon exact knowledge concerning natural populations, their behaviors throughout the life history processes, and the complex network systems in the local ecosystems, and then we can understand what is urgently needed to attain our goals.

I must admit, however, that our knowledge available at present is not necessarily sufficient for pursuing our final goals, and thus, I wish for the readers of this book to define problems themselves and also to attempt to provide additional information on the species in their areas, which will no doubt enhance our knowledge and understanding as to every single organism in our surroundings. I do sincerely hope many of our friends and colleagues will join us in this undertaking and help accumulating more knowledge about organisms in Japan. Let's try to find ways for us to coexist with wilderness and wild organisms.

January, 2004            Shoichi Kawano, Editor

# 目　次

「植物生活史図鑑」のめざすもの/河野昭一　　i

1. カタクリ　*Erythronium japonicum* Decne.（ユリ科）　　1
   河野昭一/解説, 増田準三・長井幸雄・中島秀章/協力, 河野修宏/イラスト
2. ヒメニラ　*Allium monanthum* Maxim.（ネギ科）　　9
   河野昭一・長井幸雄・林　一彦/解説, 河野修宏/イラスト
3. コシノコバイモ　*Fritillaria koidzumiana* Ohwi（ユリ科）　　17
   河野昭一・増田準三・林　一彦/解説, 河野修宏/イラスト
4. チゴユリ　*Disporum smilacinum* A. Gray（ユリ科）　　25
   河野昭一・高須英樹/解説, 平塚　明・谷上典子/協力, 番場瑠美子/イラスト
5. ホウチャクソウ　*Disporum sessile* Don（ユリ科）　　33
   河野昭一・堀　良通/解説, 平塚　明/協力, 番場瑠美子/イラスト
6. キバナノアマナ　*Gagea lutea* (L.) Ker-Gawl.（ユリ科）　　41
   河野昭一・西川洋子/解説, 佐藤　謙/協力, 河野修宏/イラスト
7. ウバユリ　*Cardiocrinum cordatum* (Thunb.) Makino（ユリ科）　　49
   河野昭一・大原　雅・増田準三/解説, 岡安太郎・織田美野里/協力, 高山節子/イラスト
8. オオバナノエンレイソウ　*Trillium camschatcense* Ker-Gawl.（エンレイソウ科）　　57
   大原　雅・河野昭一/解説, 河野修宏/イラスト
9. ミヤマエンレイソウ　*Trillium tschonoskii* Maxim.（エンレイソウ科）　　65
   大原　雅・河野昭一/解説, 河野修宏/イラスト
10. ショウジョウバカマ　*Helonias orientalis* (Thunb.) N. Tanaka（ユリ科）　　73
    河野昭一・増田準三/解説, 中川洋子/イラスト

植物の種，その生活史を知ることの大切さ —— 植物の種の実像に迫る/河野昭一　　81
用語解説/河野昭一　　89
文献/河野昭一　　95
索引　　103
あとがき　　111

# Contents

Preface: "Life History Monographs of Japanese Plants"/Shoichi Kawano    ii

1. *Erythronium japonicum* Decne. (Liliaceae)    1
   Shoichi Kawano, with collaboration of Junzo Masuda, Yukio Nagai and Hideaki Nakashima; Nobuhiro Kawano/illustrator
2. *Allium monanthum* Maxim. (Alliaceae)    9
   Shoichi Kawano, Yukio Nagai and Kazuhiko Hayashi; Nobuhiro Kawano/illustrator
3. *Fritillaria koidzumiana* Ohwi (Liliaceae)    17
   Shoichi Kawano, Junzo Masuda and Kazuhiko Hayashi; Nobuhiro Kawano/illustrator
4. *Disporum smilacinum* A. Gray (Liliaceae)    25
   Shoichi Kawano and Hideki Takasu, with collaboration of Akira Hiratsuka and Noriko Tanigami; Rumiko Banba/illustrator
5. *Disporum sessile* Don (Liliaceae)    33
   Shoichi Kawano and Yoshimichi Hori, with collaboration of Akira Hiratsuka; Rumiko Banba/illustrator
6. *Gagea lutea* (L.) Ker-Gawl. (Liliaceae)    41
   Shoichi Kawano and Yoko Nishikawa, with collaboration of Ken Sato; Nobuhiro Kawano/illustrator
7. *Cardiocrinum cordatum* (Thunb.) Makino (Liliaceae)    49
   Shoichi Kawano, Masashi Ohara and Junzo Masuda, with collaboration of Taro Okayasu and Minori Oda; Setsuko Takayama/illustrator
8. *Trillium camschatcense* Ker-Gawl. (Trilliaceae)    57
   Masashi Ohara and Shoichi Kawano; Nobuhiro Kawano/illustrator
9. *Trillium tschonoskii* Maxim. (Trilliaceae)    65
   Masashi Ohara and Shoichi Kawano; Nobuhiro Kawano/illustrator
10. *Helonias orientalis* (Thunb.) N. Tanaka (Liliaceae)    73
    Shoichi Kawano and Junzo Masuda; Yoko Nakagawa/illustrator

What is a species? Implications of life history studies in plants/Shoichi Kawano    81
Terminology/Shoichi Kawano    89
Bibliography/Shoichi Kawano    95
Index    103
Postscript    111

# カタクリ（ユリ科）

*Erythronium japonicum* Decne. (Liliaceae)

Syn. *Erythronium dens-canis* L. var. *japonicum* Baker

　カタクリは，古名 堅香子(かたかご)と呼ばれる。大伴家持の歌で万葉集にも登場する，日本人の自然観にも古くから深く根をおろしてきた，早春を彩る植物である。雪解け間もない早春の落葉樹林の林床を，しばしば群生して鮮やかな紅紫色に飾るカタクリの艶やかな花々は，人々の心を惹きつけてやまない。末永く，私たち日本人の心の故郷に宿る植物として大切にしたいものである。

## 地理的・生態的分布

　分布域は日本列島(北海道，本州，四国，九州の平野部，丘陵帯〜低山帯上部)とその周辺地域(千島列島の国後島(くなしり)，サハリン，ロシア沿海州，朝鮮半島)の北東アジアに拡がる。典型的な低地落葉広葉樹林の林床性春植物であるが，日本海側では平野部から所によっては低山帯上部まで生育し，その分布は広い。これまでに記録されている最も標高の高い生育地は，富山県の仙人山(海抜 2,000 m)，秋田県の和賀山塊(海抜 1,300 m)で，亜高山帯まで達している。

## フェノロジーと野外集団の構造

　カタクリは，早春の落葉樹林の林床や林縁に，しばしば大集団をつくって花を咲かせる典型的な多回繁殖型の〝春植物〟である。成熟個体は，春，3月中旬から4月中・下旬にかけて，まだ落葉樹林の林冠層の葉が展開する前の明るい林床で，葉を地上に展開すると同時に開花する。花は地上 10 cm 前後の花茎の先端に 1 個下垂して咲く。鮮やかな紅紫色(ごく低頻度で純白色，極めてまれに緑色の花被片をもつ突然変異がある)で，開花の最盛期には花被片の先端部は完全に反り返り，独特な咲き方をする。外花被は，内花被に比べややその幅は狭いが，ともに花被片の基部近くに黒紫色がかった W 字状の鮮やかな斑紋が見られる。開花期間は 2 週間程度で比較的短い。

　開花個体の周囲を注意深く見ると，林床のあちこちにかなりの密度で，さまざまな大きさの 1 枚葉のカタクリの幼植物が目にはいる。小さなものは狭卵形をしているが，大きくなるに従い基部が大きく切れ込んだ広卵形から心形に近い形となる。これらの無性個体の展葉期間は，開花個体とほぼ同じか，やや短く，とくに若い段階の幼植物ほど，地上部の枯損が早い。開花個体は，開花終了とほぼ同時に，種子を内蔵したさく果が初め斜上ないし，ややうつむいて形成される。さく果は 3 室からなるが，胚珠は 1 室当たり数個から 20 個前後形成される。種子は長径 2 mm 前後，短径 1 mm ほどの長楕円形ないし楕円形で，茶褐色，基部の一端にはエライオソームと呼ばれる淡黄色の突起が形成される。エライオソームは，後述するようにカタクリの種子の散布にとって，非常に大きな役割を果たしている。

## 地下での挙動

　カタクリが地上に姿をとどめている期間は，4〜5 週間と非常に短い。落葉樹林の林冠層の展葉が終わり，林床がすっかり暗くなる 5 月中旬以降，9 月末頃までは地下で休眠状態で過ごす。しかし，秋の終わりから冬の初めにかけて地中では一連の変化が起こっている。さまざまな地中の深さ，地表面近く(小型の幼植物)から 30 cm(大型個体)あまりに位置するカタクリの鱗茎よりいっせいに発根が始まるのは，10 月下旬である。この発根が生理的活動の引き金となって，鱗茎のなかでは葉芽や花芽の形成が急速に進む。地上がまだ雪に覆われている 12〜2 月には，こうして形成された新たな葉芽や花芽は，もういつで

多回繁殖型多年草：
polycarpic perennial
春植物：spring plant, spring ephemeral

エライオソーム：elaiosome

**カタクリ** *Erythronium japonicum* Decne.（ユリ科）

1：カタクリの咲く情景（habitat），2：開花最盛期（a population in full bloom），3〜5：色彩いろいろ（ピンク，濃赤色，白）(color forms of flowers)，6：夕暮れにしぼむ花（flowers in evening），7〜9：訪花昆虫いろいろ（ギフチョウ，クマバチ，ビロウドツリアブ）(*Luehdorfia japonica*, *Xylocopa appendiculata circumvolans* and *Bombylius major*: pollinators)，10：さく果（capsule），11〜12：種子散布に寄与するアリたち（ムネアカオオアリ，アシナガアリ）(*Camponotus obscuripes* and *Aphaenogaster famelica*: dispersal agents)，13：実生（seedlings）。写真撮影　1〜6・8・10〜13：河野昭一，7・9：田中　肇

カタクリ　*Erythronium japonicum* Decne.（ユリ科）

F：花(flower)，Cp：さく果(capsule)，Sd：種子(seed)，S：実生(seedling)，J($J_1$〜$J_5$)：幼植物(juveniles)，J'($J'_1$〜$J'_3$)：幼植物(ラメット由来)(juveniles derived from ramets)，Fl：開花個体(flowering ind.)

も地上に展開できる準備が整っている。種子は散布後150日程度の休眠期間を経て，幼植物，成熟植物とほぼ同じ時期の秋口11月中旬以降に発根が始まり，雪解けを待って地上に，糸のような細い葉をいっせいに伸ばす(Kondo et al., 2002)。

### 生活史の特徴

カタクリは，一度成熟状態まで到達すると何シーズンにもわたり開花を繰り返す，典型的な多回繁殖型の多年草である。開花までには，最短でも7～8年を要する。しかし，開花段階に到達しても，生体量(バイオマス)が開花の臨界サイズにかろうじて達した個体の場合は，翌シーズンには再び無性の1枚葉段階へと逆戻りする場合が多い。最初の数年間は，有性(開花・結実) - 無性，無性 - 有性(開花・結実)を頻繁に繰り返すが，やがて個体の生体量が一定の大きさに到達すると，開花は複数年にわたり継続することになる。このような個体の繁殖活動の経年変化は，定置調査区内で標識された個体の，20数年にわたるモニタリング調査によって初めて明らかになってきた。その結果，カタクリの平均余命は40～50年にも及ぶことが明らかとなった。

バイオマス：biomass

### 経年成長の過程

茶褐色で2mm前後の楕円形をした種子から発芽した実生は細長く線状で，一見して，カタクリの実生であるとすぐ判別できない。しかし，しばしば茶褐色の種皮をその先端に被っているので，カタクリの芽生えであることがわかる。種子の発芽は，地下で前年の晩秋にすでに始まっており，早春の2～3月，地下では雪解けを待ちかねたように芽生えの先端はすでに地表面ぎりぎりまで迫っている。種子は，すべて前年の秋10月以降，地下で発芽し，休眠状態で2年目以降まで土壌中で生残するものはない。線状の芽生えが地上にとどまる期間は，2週間前後といたって短い。

2年目の幼植物の葉は，狭卵形で幅4mm，長さ1cm前後で，先端は鋭く尖る。3年目以降，葉は卵形から広卵形，広卵円形へと変化し，基部はしだいに心形が顕著となる。6～7年目までは，地下の鱗茎は地上の葉の大きさの増大に比例して，光合成による生産量の増加を反映し，しだいに細長い円錐形から基部がずんぐりした紡錘形となる。シーズン後半の鱗茎の変化を注意深く観察すると，鱗茎の大きさによってひげ根のでている位置に違いがあることがわかる。4月後半にはいると，例外なく，鱗茎下部は淡黄色の皮がなく，白っぽい新たな貯蔵物質を蓄えた部分がむきだしとなっている。明らかに，当該シーズンに形成された貯蔵物質の蓄積による肥大成長であることがわかる。この過程で，年々貯蔵器官を地下に新生するに際して，鱗茎は少しずつより深い位置に形成されていき，結果として地中深く潜っていくことになる。しかし，7～8年目から以降の個体の鱗茎では，その様相が違ってくる。小さな付属部が鱗茎に連なって形成されるからである。多いものでは，4～6個も連なっている。長年月による観察の結果，これらの鱗茎付属部はシーズン開始時に成長のために消費した鱗茎貯蔵物質の使い残し部分であることが明らかとなった。カタクリは種子から発芽して7～8年目までは，そのエネルギー収支は自転車操業であり，かろうじて8年目以降当たりから，その余剰が付属体となって連なって残るようになる。開花・結実し，次世代個体を残すためのエネルギー投資は，個体自身の生存とのじつに微妙なバランスから成り立っていることがわかる。

## 栄養殖繁の役割

　カタクリは通常，栄養繁殖を行なわない。しかし，付属部をともなった大型の鱗茎において，しばしばこの付属部の一部から出芽・成長を始める場合がある。とくに，外部から機械的な圧力が加えられると，この部分が親植物から分離して，独立した個体となる。その割合は低いが，潜在的には，鱗茎付属部の分離による栄養繁殖の可能性がある。また，外部から強い圧が加えられ鱗茎が分割されたりすると，数本あるいはそれ以上の地上葉をもった異常な個体が形成されることがある。

## 有性繁殖の仕組み：交配システムと送粉システム

　カタクリは典型的な両性花で，雌雄ほぼ同熟であるが，自家不和合性で，通常自家受粉による種子形成はほとんどない。長さ3cm内外の雌しべの柱頭はわずかに3裂しているが，それにほぼ平行して長短3本ずつ，6本の雄しべがややうつむいて咲いた花に垂れ下がるようにつく。外側の3本の長い雄しべの葯は，通常，内側の短い3本よりわずかに早く成熟して裂開する。大きな蜜腺は，内花被の基部の子房に接着する部分に発達する。

　カタクリの花は，私たち人間の目には鮮やかな紅紫色の色彩に見え，反り返った花被の基部には濃紫色の波形の斑紋がある。しかし，波長360nmの紫外部のみをよく透過させるフィルターを用いてカタクリの花を撮影してみると，花被片だけでなく，雌しべも雄しべもすべて，よく紫外線(UV)を吸収していることがわかる。昆虫の複眼，とくに膜翅目(ハチ目)の昆虫の視覚器官は，紫外部の波長も視覚的に感受するので，カタクリの花全体が昆虫を花に誘引するための鮮やかなシグナルとなっていることがわかる。

　カタクリの訪花昆虫のなかでいちばん数が多く，効果的な送粉者は，クマバチ，マルハナバチ，ニッポンヒゲナガハナバチなどの大型のハナバチの仲間である。そのほか，ギフチョウやヒメギフチョウ，スジグロシロチョウなどの訪花も見られるが，その頻度はそれほど高くない。時おり，ビロウドツリアブや小型のハエの仲間も訪花するが，送粉者としての貢献は低い。

　カタクリの子房は3室からなっているが，おのおのの室には10〜18個の胚珠が形成されるから，1個体当たりの胚珠数は30〜54個(平均40.6個)となる。一方，6本ある葯で生産される花粉の総数は，$1.6〜2.4×10^5$個であるから，雌性配偶子である胚珠1個に対する雄性配偶子の数は約4,800個となる。いろいろな植物の種について雄性配偶子(花粉)と雌性配偶子(胚珠)の数の比率(P/O比)を調べた例と比較してみると，カタクリのP/O比は，典型的な他殖型に相当する(Cruden, 1977)。富山県八尾町にあるカタクリの野外集団において調べた個体当たりの結実数と胚珠当たりの稔実率についてみると，個体当たりの生産種子数は，年によってばらつきはあるが平均17〜27個の値を示し，一方，胚珠当たりの稔実率は30.7〜66.7%の値を示す。野外集団の個体において人為的交配をほどこし，その稔実率をみると，84.5〜96.2%の値を示すので，異なるシーズンによる送粉昆虫の活動の差異が，カタクリの結実数と稔実率に大きくかかわりのあることを明瞭に示している(Kawano, 1982; Kawano and Nagai, 1982)。

　これまで知られている限りでは，北海道中南部や本州のカタクリ集団では，他殖型が交配システムの主流をなすことが明らかにされているが，ごく最近，訪花昆虫が非常に少ない北海道東部(常呂郡端野町)のカタクリ集団において，花粉媒介者の不足による制約が柱頭への付着花粉数の不足となって，形成される胚珠当たりの稔実率の低下となっていると

クマバチ：*Xylocopa appendiculata circumvolans*
ニッポンヒゲナガハナバチ：*Tetralonia nipponensis*
ギフチョウ：*Luehdorfia japonica*
ヒメギフチョウ：*Luehdorfia puziloi*
スジグロシロチョウ：*Pieris melete*
ビロウドツリアブ：*Bombylius major*
雌性配偶子(胚珠)：ovule, O
雄性配偶子(花粉)：pollen, P
P/O比：pollen : ovule ratio

稔実率：fecundity

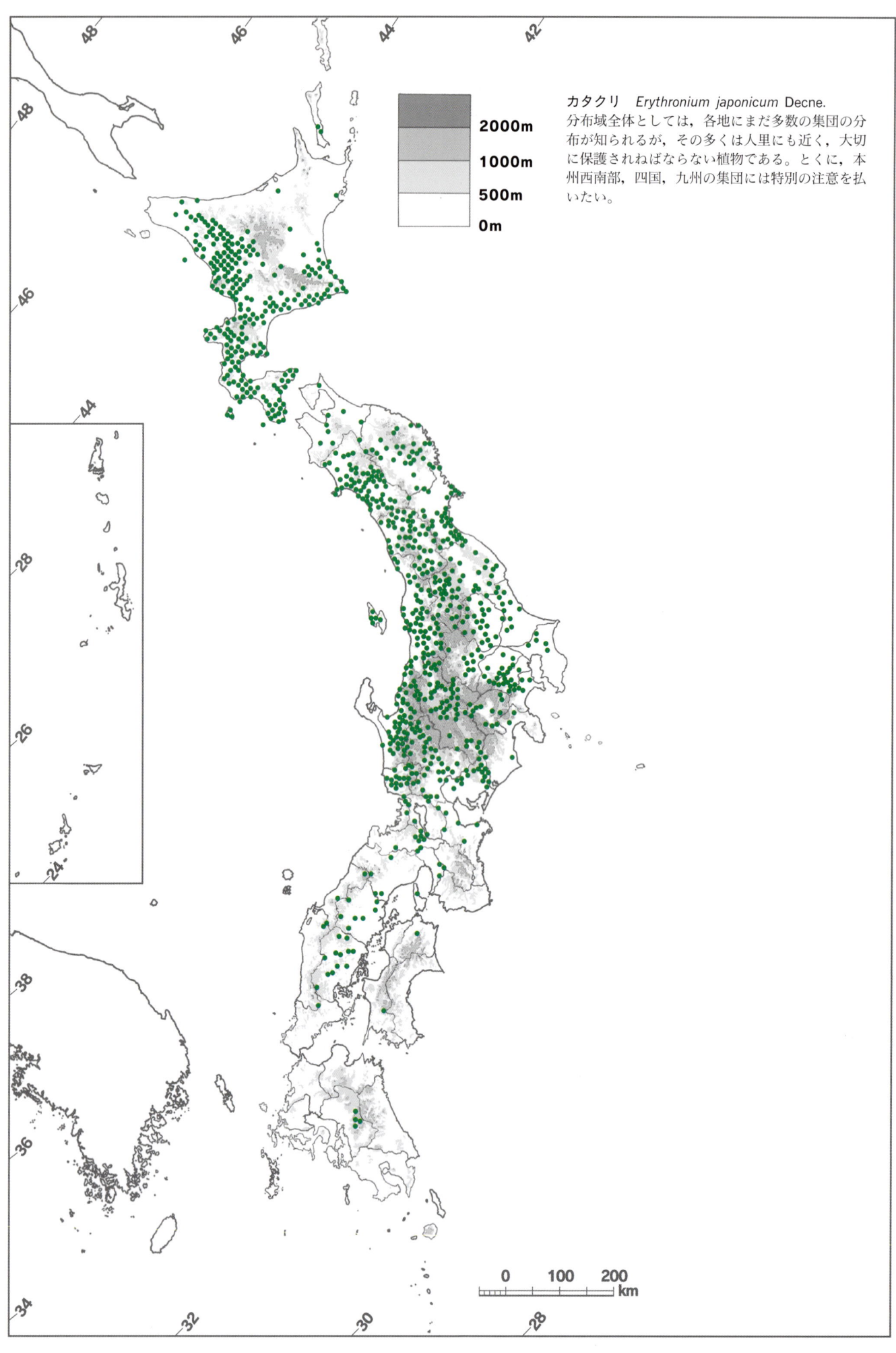

いう事実がもたらされている。そして，このような集団では自殖による種子形成が見られるという（本多・石川，1999；石川・本多，1999）。

## 種子散布の仕組み

完熟したカタクリの種子は長径が 2 mm 前後の楕円形で，黄褐色であるが，その一方の端にはエライオソームと呼ばれる付属体が形成される。この部分には，アリを誘引する脂肪酸や炭化水素などが多量に含まれており，一度さく果が裂開して種子が地上に落ちると，地域によってアリ相には違いがあるが，例外なしにアリによって種子は散布される（河野，1996；Asakawa et al., 未発表データ）。富山県八尾町における観察では，クロヤマアリ，トゲアリ，トビイロケアリ，アズマオオズアカアリやアシナガアリなどによって，カタクリの種子がすばやく運びさられる様子が克明に観察されている（河野，1996）。アシナガアリはカタクリの種子を発見すると，脚の先端部よりフェロモンを分泌して，仲間をカタクリの種子が散らばっている箇所へと誘導し，種子を巣のなかへと運びいれる。トゲアリの巣の周辺で観察すると，発見された種子の大半はアリの巣中へ一度は運び込まれるが，しばらくすると種子は再び巣外へ搬出され，周辺部へ放棄，すなわち散布される。カタクリの種子散布は，アリたちにとって栄養分となるグルコースやフラクトースなどの糖を多量に含有するエライオソーム種をつくるエンレイソウなどとはまったく異なる仕組みによっていることが最近解明された。カタクリのエライオソームには，栄養分となるグルコースなどの糖は含まれず，おもに高級炭化水素や脂肪酸が多量に含まれており，これらの物質は食物源というよりは，むしろまったく異なる誘引機能をもっている可能性が高いことが明らかになってきた（Asakawa et al., 未発表データ）。

クロヤマアリ：
*Formica japonica*
トゲアリ：
*Polyrhachis lamellidens*
トビイロケアリ：
*Lasius japonicus*
アズマオオズアカアリ：
*Pheidole fervida*
アシナガアリ：
*Aphaenogaster famelica*

## 染色体数と核型

染色体は大型で $2n=24$ である。核型は大型(2対)，中型(5対)，小型(5対)の3形からなり，いずれも動原体の位置は短腕部にあり，核型式は $K[2n]=24=4L_{ST}+10M_{ST}+10S_{ST}$ で表わされる（Utech and Kawano, 1976）。

## カタクリ属の仲間とその分布

カタクリ属は，ユリ科の代表的な北半球の温帯要素の一群で，ユーラシア大陸温帯域にやや隔離されて分布し，ヨーロッパ，コーカサス，シベリアと日本列島を含む極東地域にはカタクリを含む4種が知られている。一方，北米大陸では，東部の温帯域に広く分布する6種，西部ではカリフォルニア，オレゴンなどの海岸山脈に分布する種と，さらに内陸部のカスケード山脈，ロッキー山脈などの低山帯から亜高山帯までやや広く分布する種群があり，局地的な固有種を加えると17種あまりが知られている（Fernald, 1950; Munz, 1965; Hitchcock and Cronquist, 1973; Flora of North America Editorial Committee, 2002）。

## 自然保護上留意すべき点

本州中北部以北，北海道に広く分布するが，開花までには10年近い経年成長の期間を要することを考慮すると，展葉・開花期には無原則的な踏みつけに曝すような状態は避け，幼植物の保全に留意することが重要である。また共生者である送粉昆虫（大型のハナバチ類，ギフチョウなど），種子の散布者である各種のアリの保護・保全が同時に必要である。

# Life History Characteristics of *Erythronium japonicum* Decne. (Liliaceae)

Syn. *Erythronium dens-canis* L. var. *japonicum* Baker

 

    *Erythronium japonicum* is the only species in northeastern Asia of the genus *Erythronium* (Liliaceae). This species is a representative member of the temperate forest floor of the northern hemisphere, and is well known as one of the most attractive spring ephemerals in Japan.

    *Erythronium japonicum* is a typical polycarpic perennial. Our long-term census study on *E. japonicum* populations over the past 25 years in Yatsuo-machi, Toyama Prefecture, revealed that it takes at least seven to eight years to reach the sexually mature stage, with an average of ca. ten years; however, even if once individuals reach to the size classes which are capable of flowering, they do not continuously flower in subsequent years. As a result, there are overlapping generations within a local population, which enhances the possibility of breeding among different generations. It turned out that the life expectancy of *E. japonicum* is enormously long, i.e., 40-50 years (Kawano et al., 1987 and unpubl.). *E. japonicum* is a typical insect-pollinated outbreeder, although occasional inbreeders have been known lately in northern populations (e.g., in eastern Hokkaido), which has been well demonstrated through the number of pollen grains ($1.6-2.4 \times 10^5$) and ovules (30-54, with an average of 40.6) produced per flower, which gives a P/O ratio of 4,800. A high ratio such as this is a good indicator of outbreeders (Cruden, 1977). The UV-absorbance patterns of *E. japonicum* flowers for attracting pollinators are very sharp and especially effective for attracting large Hymenopteran insects, the entire flower absorbing UV. The pollinators are represented by large Hymenopteran insects, such as *Bombus*, *Xylocopa*, *Tetralonia*, and *Nomada*, and butterflies such as *Luehdorfia japonica*, *Pieris melete*, etc. The flowers of *E. japonicum* are furnished with large nectar glands at the base of the inner perianths as well. Seed outputs per plant are variable in different individuals and in different seasons, but the average seed output is 17-27 per plant, with fecundity levels of 30.7-66.7% (seed/ovule ratios per flower) (Kawano et al., 1982). The seed bears an elaiosome of a good size at the tip, and is susceptible to ant dispersal, such as *Aphaenogaster famelica*, *A. japonica*, *Camponotus japonicus*, and *Polyrhachis lamellidens*, which proved to be the most effective seed dispersal agents in central Honshu. Our recent analysis of the chemical components of seed elaiosomes demonstrated that they contain unique hydrocarbons and fatty acids, represented by tricosene, tetracosene, pentacosene, ethylpalmitate, linoleic acid, and so forth (Asakawa, Yamaoka and Kawano, unpubl.data). *E. japonicum* is known to be a diploid, with 2n=24 chromosomes and the karyotype of $K(2n)=24=4L_{ST}+10M_{ST}+10S_{ST}$ (Utech and Kawano, 1976).

    The genus includes a total of 27 species, of which four species, *E. japonicum*, *E. sibiricum*, *E. caucasicum*, and *E. dens-canis*, are Eurasian. These four species occur disjunctly in Japan and its neighboring regions of the Far East, Siberia, the Caucasus, and Europe. Of the remaining 23 species, six species occur in the eastern North America, and 17 species occur on the Coastal Range, Cascades Mts., and Rocky Mts. in the western North America.

# ヒメニラ(別名ヒメビル)(ネギ科)

*Allium monanthum* Maxim. (Alliaceae)

　ヒメニラを野外で見かけても，この植物がネギの仲間であるとただちに判別できる人はそれほど多くないであろう。しかも，雪解け間もない早春の落葉樹林の林床に出現して，地上にその姿をとどめるのがわずか3週間あまりであるばかりか，ほとんどの個体は花をつけないので，なおさらその正体はつかみどころがない。ところが，この植物は調べれば調べるほど，謎だらけの植物であることがわかってきた。

## 地理的・生態的分布

　日本列島のほぼ全域，北海道から九州に分布する。さらに朝鮮半島，中国黒竜江省，吉林省，遼寧省，河北省，ロシアのウスリー地方へと拡がる。日本列島では温帯から暖帯に接した低地平野部の落葉樹林の林床に主として生育し，時には低山帯の針葉樹林の疎林の林床にも生育する。本州中部から東北地方にかけてやや多く見られるが，西南日本では極めてまれである。ごく最近になって，兵庫県，岡山県，九州の熊本県にもこの植物が分布することが確認されている。

## 生活史の特徴

　ヒメニラは，早春の落葉樹林の林床に生えるネギの仲間(ネギ科ネギ属)で，その名のごとく小型の植物で，時には群生するが，開花個体が非常に少なくあまりめだたない。その姿形からも，一見してネギの仲間には見えない。葉を指でつぶしてみると，ネギ独特の匂いがするので初めてネギなのだ，と気づくくらいである。葉はくすんだ灰緑色，肉厚でその断面はややつぶれた半月形で，幅5 mm前後，長さ10 cmたらずで細長く，個体によって1〜2枚(ごくまれに3枚)つける。注意深く観察すると，なかには糸のように細い花茎の先端に白色，時にはわずかに紅色がかった花を1個，ごくまれに数個咲かせている個体を見つけることができる。

　ヒメニラは，多年草と記載されている。しかし，毎シーズンごとに完全に地下器官，地上器官をつくりかえる特殊化が進んだ多年草で，擬似一年草とも呼ばれる。その形態は単純だが，成長過程で一定の個体サイズに到達すると，前年度に形成された直径5〜6 mmの小さな鱗茎中の貯蔵物質をすべて消費して，新たに無性的に娘鱗茎を再形成する。新しい娘鱗茎，すなわちラメットは1〜3個形成され，毎シーズンごとに継続して新たなラメットの形成を繰り返す。しかし，物質経済からみると，新たなラメットの形成様式とその過程は極めて複雑である。

擬似一年草：pseudo-annual

ラメット：ramet

## フェノロジーと経年成長の過程

　ヒメニラの季節消長をみると，この植物が地上に姿をとどめるのは林床がまだ明るい3週間程度である。雪解けの早い関東平野では3月上旬から4月上旬まで，また雪解けの遅い山間部の落葉樹林の林床では，高木層の樹冠が葉層で覆われる5月上旬までそれぞれわずか3週間たらずのあいだである。早春の温帯性夏緑林の林床に出現する，いわゆる典型的な〝春植物〟である。

　本州中部の落葉樹林の林床に生育するヒメニラの集団について，その消長を追跡してみる。ヒメニラは，林床における光の相対照度が50〜90％である3月上旬頃，葉を地上に展開し始める。その後，3月下旬から4月中旬になると，林冠を形成するクヌギ，コナラ，イヌシデなどの落葉広葉樹の葉が芽吹き，展葉するため，林床の相対照度は急激に低下し始める。ヒメニラの光-光合成曲線を見ると，林床でまだ十分に光が利用できる3月下旬

春植物：spring plant, spring ephemeral

相対照度：林外の照度に対する群落下層ならびに林床の照度の百分率

**ヒメニラ　*Allium monanthum* Maxim.（ネギ科）**

1・2：生育地（海岸に面した落葉樹林，カラマツ林の林床）(habitats)，3：群生する無性個体と雌性個体(asexual and female plants)，4：雌性個体(females)，5：雄性個体(males)，6：実生(seedlings)，7：無性個体(2LS型，2LSF型)(asexual forms：2LS, 2LSF type)，8：無性個体(1L型，1LS型)(asexual forms：1L, 1LS type)，9：雌性個体(2LF型)(females, 2LF type)。写真撮影　1・3・4・7～9：河野昭一，2・5：長井幸雄，6：林　一彦

**ヒメニラ** *Allium monanthum* Maxim.（ネギ科）

Sf：雄性花(staminate fl.), Pf：雌性花(pistillate fl.), Hf：両性花(断面)(hermaphrodite fl.), Sf'：雄性花(断面)(staminate fl.), Pf'：雌性花(断面)(pistillate fl.), Sd：種子(seed), Cp：さく果(capsule), S：実生(seedling), J($J_1$〜$J_5$)：幼植物(juveniles), Fl-f($Fl_1$-f〜$Fl_2$-f)：開花個体(雌)(flowering ind., female), ○ → × → △：娘鱗茎(ラメット)が分離，独立する経路。ラメットの形成課程は極めて複雑(complex processes of bulblet (ramet) separation)

から4月上旬にかけて活発に光合成を行なっている典型的な陽地植物型の光合成機能をもつことがわかった(Kawano et al., 1978)。4月下旬になると，落葉樹の葉がほぼ完全に展葉するのみならず，林床でもより大型の草本植物がいっせいに成長を開始するので，小型のヒメニラにとっては光条件のうえでは非常に不利な状態となる。林内がまだ明るい陽光にあふれる早春の3〜4週間が，ヒメニラのような"春植物"にとっては，正にその生残を左右しているのである。やがて，相対照度が20％以下となる5月にはいると，地中に再生された1〜2個(ごくまれに3個)の娘鱗茎だけを残し，9月下旬まで休眠状態で過ごす。上層の樹木の落葉の開始とともに，林床が再びもとの明るい状態に戻り始める10月中旬以降に鱗茎より活発な発根が始まる。しかしこの時期には，ただちに地上への展葉は行なわれず，地表面近くで，厚いリター(落葉層)に覆われて越冬する。このように，ヒメニラの同化器官である葉が地上へ出現する期間は，早春のわずか2カ月ばかりの期間で，ほかの"春植物"と同様に夏がこの植物にとっては休眠期となっている。

リター：litter

## 複雑な地下器官の形成と栄養繁殖システム

ここで，もう少しくわしくヒメニラの栄養繁殖の仕組みを調べてみることにしよう。地上部に姿を現わしている時期に，ヒメニラの地下部を掘りだし，その外部形態をくわしく観察してみると，2つの極めて特異的な生育型が存在することがわかる。その1つは，地中浅く，あるいはリター層のなかを這う長さ10〜20 cm内外のストロンを形成するタイプ(1LS型)と，もう1つはこれを形成しないタイプ(1L型)である。種子から発芽した個体の栽培実験によって，3年目になると鱗茎内に2個の娘鱗茎が形成される個体が生じることが確められた。4年目にはいると例外なしに，そのうちの1個は鱗茎内のすべての貯蔵物質を消費して，再び同じ部位に新鱗茎を形成する1L型となるが，もう1個は地表面近くを這う10 cm内外のストロンを形成し，その先端に葉を形成する1LS型になることがわかった。しかし1LS型では，新たに地上に展開した葉の光合成産物は，葉の基部に蓄えられ，もとの鱗茎には転流されることはない。この仕組みによって，2個の娘鱗茎は地下においてそれぞれ少なくとも10 cm以上は移動し，離ればなれの位置を占めることになる。一見単純なこの仕組みによって，巧みに新たに形成された娘鱗茎(ラメット)間の競合が避けられている。

ストロン，走出枝，匍匐枝：stolon

それでは娘鱗茎が3個の場合は，どのようになっているのだろうか。中央の1個は1L型であるが，その両端の2個は多くの場合，1LS型となる。しかし，ごく低頻度ながら葉を1枚(1L)，2枚(2L)，ごくまれに3枚(3L)つけるラメットのなかには無性個体と，花茎を形成する有性個体も生みだされるから，極めて複雑な経路で，翌シーズンの娘鱗茎が生みだされることになる(長井，1972)。

葉(L)の枚数，ストロン(S)の有無，花茎(F)の有無によって区別できる繁殖型は，少なくとも9型あることがわかった。ストロン型は，葉の枚数，花茎の有無によって，1LS，2LS，2LSFの3型，ストロンを形成しない型は，1L，1LF，2L，2LF，3L，3LFの6型に区別することができる。この場合，数字は葉の枚数をそれぞれ表わす(Kawano, 1970; Kawano and Nagai, 1975)。

これまでの野外観察と栽培実験による観察結果から，葉を1枚形成する1L型と葉1枚とストロンを形成する1LS型とが基本となって，そのほかのすべての繁殖型ができることが明らかとなった。しかし，さまざまな繁殖型の形成も，娘鱗茎が形成される部位も，同化産物の蓄積量の多少が絡んでいる可能性が高く，個々の繁殖型・性型の発現について

の遺伝的制御系の働きは，まだよくわかっていない。

**有性繁殖の仕組み：交配システムと送粉システム**

　ヒメニラには，さまざまな栄養繁殖型があることがわかったが，有性繁殖による種子形成は行なわれないのだろうか。4月，林床がまだ十分に陽光にあふれている頃が，ヒメニラの開花期である。数少ない開花個体の花をくわしく調べてみると，驚くべきことに雌性花ばかりで，雄性花はまったくといってよいほど見当たらない。したがって，これらの雌性個体は，種子をつくることはない。しかし，その後の調査で，さまざまな性型が混在していることがわかってきた。ヒメニラもほかのネギ属植物と同様に，花茎の先端には散形花序をつける。しかし，それは著しく退化した散形花序で，長さ10 cm程度の非常に細い花茎の先に，雌の場合は普通1個，雄の場合は2〜数個の花をつける。通常，ヒメニラの正常な雄性花には，雄しべが6本あるが，日本各地から集められたヒメニラの花を調べてみると，その大半が雄しべが完全に退化した雌性花であった。しかし，雄しべや雌しべの退化の程度がさまざまな段階の個体も多く，雌性個体のなかには雄しべが葯を失って花糸だけとなったり，さらに花糸の退化の程度もさまざまなものが見られる。一方，雄性個体の方も，雌しべが柱頭を欠き，花柱と子房だけになったものや，柱頭と花柱を欠いて子房のみとなったものもある。しかし，ごくまれには，集団内に，雌しべ・雄しべのそなわった完全花をつける雌雄両全性の個体が含まれている場合があることがわかった。

　このように，ヒメニラの性型には雌性，雄性，雌雄両全性，雄性雌雄同株性，雌性雌雄同株性の5つの型が含まれ，極めて複雑な性発現をする。このうち，雌性以外のほかの性型はごくまれにしか見られない。野外調査の結果，雄性個体が含まれる集団はわずか数箇所のみで，いずれも本州中北部(岩手県，山梨県，長野県)にのみその分布が知られている。また，雌雄両全性，雄性雌雄同株性の個体が含まれている集団は新潟県から発見されている。これらの集団では非常に低い頻度ながら，有性繁殖による種子形成も行なわれており，実生とみられる幼植物も生育している。

　一般的にいって，植物では雌雄両全性を原型として，それから雄性化または雌性化が起こり，単性的な雌雄同株，または異株型が生じたと考えられている。ヒメニラには現在，上述したように，5つの性型が認められているが，この種は，今正に単性化へむかう移行段階にあるとみなすことができそうである。花数の減少，単性化が起こることによる有性繁殖の効率の著しい低下は，代替え機構として，本来は貯蔵器官としての機能しかもたなかった鱗茎の分離，ストロン形成による短距離の移動をともなった，特異な栄養繁殖システムの分化へと導いてきた可能性が高い。

　ヒメニラの送粉は，小型の昆虫によるものと推定されるが，残念ながら花粉の運び屋はまだわかっていない。しかし，栽培している雄性個体の葯を雌性個体の柱頭に人工的にこすりつけて受粉させると，稔性のある種子を形成するので，ごく限られた程度であっても，野外集団において有性繁殖が行なわれていることはほぼ確実である。種子は，大きさが2 mm前後の球形で，艶のある黒色をしている。種子散布の特別な仕組みは分化していない。花序ごと母植物の周辺に倒れ込んで土壌中に定着を果たし，翌春，種子は発芽する。

　子房3室からなる1個の雌性花には，各室2個，合計6個の胚珠が形成されるから，最大でも1花当たり6個の種子しかできないことになる。ごくまれに見られる2個の雌性花では，胚珠は12個である。1個の雄性花当たりに形成される花粉数，すなわち雄性配偶子数は$1.31〜7.47×10^4$個であるから，胚珠1個当たりの花粉数(P/O比)は，1,091〜

P/O比：pollen : ovule ratio
pollen(P)：雄性配偶子(花粉)
ovule(O)：雌性配偶子(胚珠)

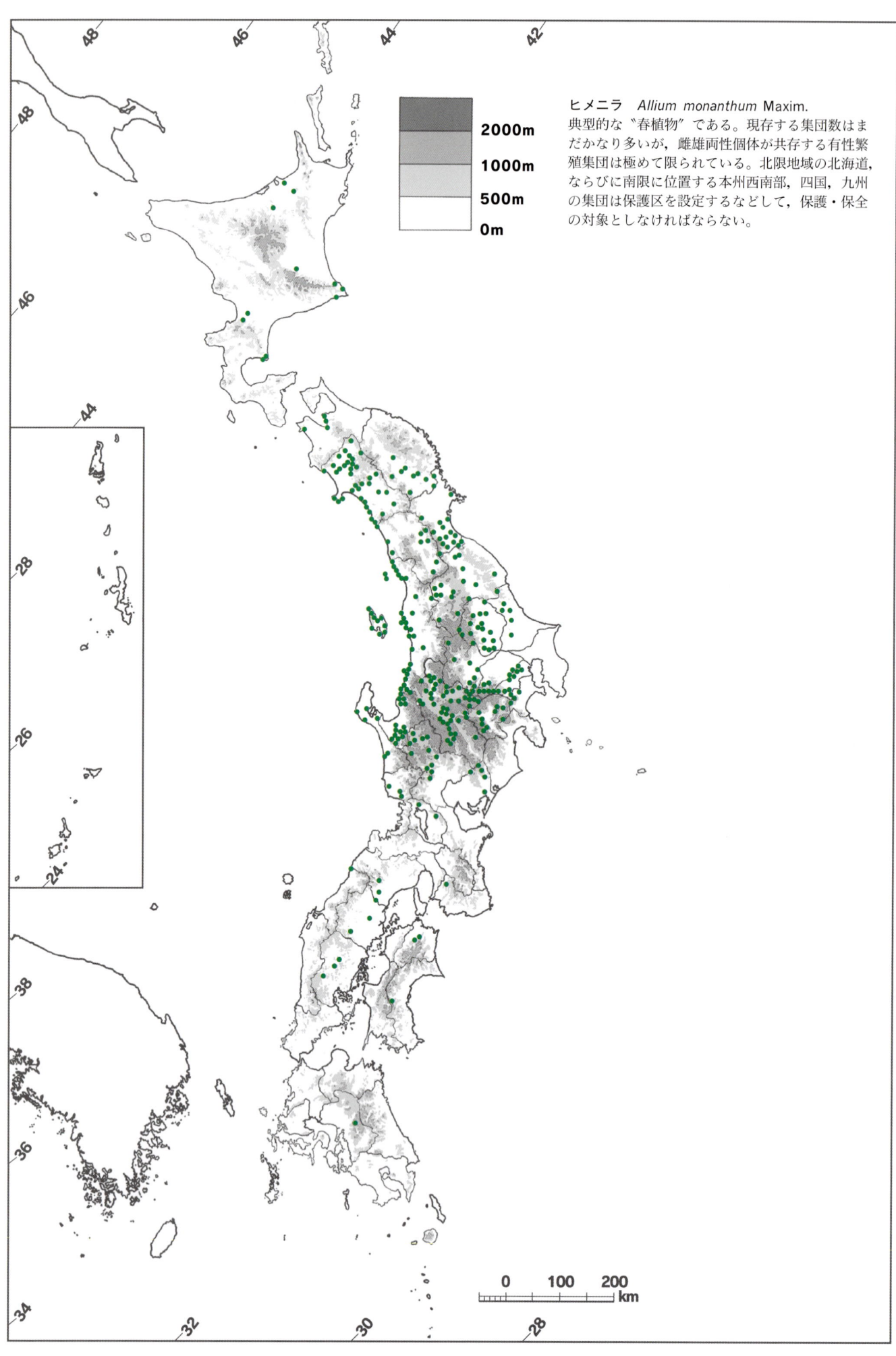

12,450という比率となる。現実に野生個体の雌が形成した個体当たり生産種子数は1〜4個と極めて低い。雄性を発現する個体の極端な少なさとあわせて、雌が形成する胚珠数が制限要因となっていることは明瞭である。

実験的に種子を発芽させて育てた幼植物は、3年間は1枚の葉のみをつける非常に小型の1L型の段階にとどまり、4年目にはいってから、ようやく1Lと1LS型の2型をつくるようになるので、野外条件下では有性繁殖に由来する幼植物の生存率は極めて低いとみられる。したがって、娘鱗茎の形成（ラメット形成）による栄養繁殖が野外集団の維持に果たす役割は決定的な意味をもつ。

### 染色体数と核型

ヒメニラの染色体数は、2倍体（2n＝16）、3倍体（2n＝24）、4倍体（2n＝32）などの倍数性個体が含まれるが、その基本核型はn(X＝8)＝7V＋1Iで表わされる（Noda and Kawano, 1988）。しかし、雄性個体からは複雑な転座ヘテロ型が発見されており、そのなかには2倍性の雌性個体から発見された2本の染色体間の単一相互転座型の$Tr\mathrm{I}$，2倍性の雄性個体から発見された複数の相互転座型、すなわち2対の染色体間の相互転座型$Tr\mathrm{II}A$，$Tr\mathrm{II}B$，3対の染色体間の相互転座型$Tr\mathrm{III}$などが知られている（Noda and Kawano, 1988）。

雄性個体に集中するこのような複雑な相互転座型の存在より、ヒメニラの野外集団における雄性を発現する個体の極端な減少と、正常な有性繁殖による次世代個体の生産が極度に非効率的となった背景をうかがい知ることが可能である。

改めて、ヒメニラは極めて特殊化が進んだ種であることがわかる。しかしながら、栄養繁殖によって生じた個体は、いずれも親と同じ核型を保有する。事実、北陸地方の海岸ぞいに分布するいくつかの集団では、構成個体がすべて同一の4倍性ヘテロの核型（4X/5I）をもつことがわかっている（Noda and Kawano, 1988）。要するに雄性個体が欠ける集団では、栄養繁殖のみによって個体が補充されているから、その地域集団全体の遺伝的構成は極めて同質の、変異性に乏しい状態にある。また一度、異常な染色体突然変異が誘発されると、その突然変異型は栄養繁殖によって集団中に持続的に維持されることになる。一方、雌性と雄性個体を含む集団では、かろうじて有性繁殖による次世代個体の補充が行なわれているので、遺伝的異質性の導入に役立つ可能性が高いが、いかんせん雄性個体を含む集団はわずか数集団のみとあっては、遺伝的多様性の回復は望むべくもない。

### 自然保護上留意すべき点

ヒメニラは典型的な"春植物"であるが、その生育地は主として海岸から丘陵帯の落葉樹林、ごくまれに低山帯の森林林床に生える。人里に隣接したその多くの生育地は、宅地造成やさまざまな環境撹乱に曝されており、その典型的な生育環境は急速に失われつつある。とりわけ、極めてめだたない小型の植物であるうえに、早春の1カ月たらずの期間だけ地上にその姿を現わすのみであるので、私たちの関心も極めて薄い。事実、東京都郊外の雑木林に存在した集団の多くは、過去30年間の河川改修や宅地造成で絶滅してしまった。きめ細かい保全・保護の手当が求められている種の1つである。

# Life History Characteristics of
# *Allium monanthum* Maxim. (Alliaceae)

*Allium monanthum*, a member of the Alliaceae (s. str.), possesses a very specialized type of life history strategy, i.e., monocarpic "pseudo-annual" (Kawano, 1975, Kawano and Nagai, 1975; Kawano et al., 1978, 1987). This tiny species, having a single or two small aerial leaves of only 10 cm long and 4 - 6 mm wide, is a typical spring ephemeral that occurs on the forest floor of deciduous broad-leaved forests or, rarely, of the Japanese larch forests developed in the lowlands to the foothills. Its geographical range extends from the Korean Peninsula to northeastern China and the Ussuri district of Russia, and to the Japanese Islands. In Japan, it occurs in Hokkaido and central Honshu, but is very rare in southwestern Honshu and Kyushu.

The most unique characteristics of *A. monanthum* are its exceedingly complex sexuality, i.e., it exhibits five different sexualities (male, female, hermaphrodite, andromonoecy, and gynomonoecy). However, most of the populations are composed of only asexual forms, rarely with female individuals. Female plants bear only a single or, rarely, two flowers, with only six ovules per flower. Male plants bear two to several flowers, but are extremely rare and have so far been found only in several populations in central Honshu. Only asexual and female individuals occur in all the other remaining populations throughout Japan, from Hokkaido to Kyushu. As a consequence, natural populations of *A. monanthum* are maintained exclusively by asexual reproduction, i.e., by means of bulblet (ramet) formation. There are nine different types of growth forms, denoted as 1L, 1LF, 2L, 2LF, 3L, 3LF, 1LS, 2LS, and 2LSF, depending upon the number of leaves (L) and formation of underground runners (S: stolon) and flowering scape (F) (Kawano, 1970; Kawano and Nagai, 1975). 1L specifies a single basal leaf, 2L and 3L two and three leaves, respectively; S indicates formation of underground runners (stolon), 5 - 10 cm long; and F specifies formation of a scape with male, female or hermaphrodite flowers. Every season, all reserved food in the bulbs is entirely consumed for producing aerial shoots, and then every single individual plant is renewed within a month, during mid-March to late April. Bulbs remain dormant the rest of the year. The short underground runners (5 to 10 cm long) are important for density control and relocating new bulbs within a site where a local population develops.

*Allium monanthum* includes a polyploid series of 2x (2n=16), 3x (2n=24), and 4x (2n=32), with the basic karyotype of n(x=8)=7V+1I (Noda and Kawano, 1988). Also, unique translocations, denoted as *Tr*I, *Tr*IIA, *Tr*IIB, and *Tr*III, are only found in diploid males, and some other cytotypes, such as 4x/5I, 4x+1, and 4x−1, and also in tetraploid plants. Such cytological peculiarities are the background of the complex sexuality and predominant asexual reproduction in *A. monanthum*.

# コシノコバイモ（ユリ科）

*Fritillaria koidzumiana* Ohwi (Liliaceae)

Syn. *Fritillaria japonica* Miq. var. *koidzumiana* (Ohwi) Hara et Kanai

　コシノコバイモという名前を聞いても，すぐにこの植物の姿形を思い浮かべられる人は数少ないであろう。全体が淡黄緑色で，釣り鐘型のめだたない花を1個，そっと葉の下に下垂させて咲かせる。開花個体でも草丈がわずか10 cmにも満たない小型のユリ科植物は，3月下旬から4月上旬にかけて早春の林床に，点々と散らばり，ひっそりと花を咲かせている。キクザキイチゲやカタクリなどとともに，コシノコバイモは正に早春のファースト・ランナーなのである。

### 地理的・生態的分布

　コシノコバイモは，主として本州中部の日本海地域の落葉樹林の林床にやや広く分布する。北限は山形県鶴岡市付近で，新潟県から福島県の西部山地帯の一部をかすめて，北陸地方の富山・石川の各県と，岐阜県の北部へと分布域は拡がる。しかし，分布域は太平洋側の静岡県から伊豆半島に隔離された飛び地が知られており，その地理的分布の成立の背景は謎につつまれている。

### フェノロジーと経年成長の過程

　低地平野部や丘陵帯の落葉広葉樹林の林床やその周辺部に生育する典型的な〝春植物〟で，雪解け間もない3月下旬から4月中旬にかけて，わずか3週間程度しか地上にはその姿をとどめない。開花個体も高さ10 cmに満たない小型の植物なので，なかなか目につきづらい。その小型の植物体とは不釣りあいに大きな淡黄緑色の花を，数枚ある細長い葉の下にかくれるように下垂して咲かせる。開花個体の周囲に目を凝らしてみると，長楕円形や卵状楕円形をした1枚の葉をつけた幼植物が点々と生育している。そのなかに，長さ数センチの狭長披針形の葉をもった幼植物が含まれるが，それがコシノコバイモの実生であるとはただちに見分けがつかない。

　コシノコバイモは，2年目以降はゆっくりと1枚の葉の大きさを増大させていく。葉の形は，経年成長を経るに従い狭長卵形から，しだいにまるみを帯びて卵形から広卵形に近い形となる。しかし，この発育相の変化の過程は，単純な一本道ではない。早春のわずか3〜4週間しか地上にその姿をとどめないコシノコバイモの幼植物が光合成によって生産できる同化産物の量は，必ずしも多くない。年によっては，春の雪解けの開始時期にも違いがみられるし，また早春の林床の温度環境は変化に富んでいる。したがって，この発育相の変化の過程では，異なるサイズ・クラスのあいだで，かなり行きつ，戻りつが繰り返されている。物質生産，再生産の視点からみると，同様な発育段階の推移は，カタクリやオオバナノエンレイソウなどほかの〝春植物〟にもみられる。早春の2〜3週間の温度環境と光環境が，幼植物個体の物質生産量を左右し，地上に形成する植物体の大きさを決定づけていることがわかる。

　成熟段階の鱗茎は，直径が6〜12 mm前後で，球形をしているが，半球形の鱗片はわずか2個のみからなる。ほかの〝春植物〟と同様に，前年度の秋口，10月下旬から11月の上旬には鱗茎から新たな発根が始まり，葉芽や花芽の形成が進む。春を迎えて地上部の成長が進むにつれて，前年度に鱗茎内に蓄えられた貯蔵物質のほぼすべてが地上部の形成に消費されてしまう。

　コシノコバイモの花の季節は，わずか2週間ほどで非常に短い。4月中旬を過ぎると，上層の樹木の林冠層の展葉は急速に進み，林床にその暗い陰を落とし始める。この時期には，すでに受粉・受精し終わった胚を内蔵したさく果は少しずつふくらみ始めている。や

春植物：spring plant, spring ephemeral

## コシノコバイモ　*Fritillaria koidzumiana* Ohwi（ユリ科）

1：展開し始めた開花個体（young flowering shoot），2〜4：開花個体いろいろ（flowering individuals），5：熟し始めたさく果（capsule），6・7：幼植物（1葉段階）（various juveniles），8：訪花昆虫（pollinator），9・10：鱗茎（1球型，2球型）（two types of bulb），11：発芽し始めた種子（germinating seeds）。写真撮影　1〜3・5・7・9：増田準三，4・6・8：河野昭一，10・11：林　一彦

コシノコバイモ　*Fritillaria koidzumiana* Ohwi（ユリ科）
F：花(開花後期)(flower, late stage)，Cp：さく果(capsule)，Sd：種子(seed)，S：実生(seedling)，J($J_1$〜$J_6$)：幼植物(juveniles)，Fl：開花個体(flowering ind.)，Fr：結実個体(fruiting ind.)，Bl：鱗茎(拡大)(bulb, enlarged)

がて葉は黄化し，脱落する。地上部がすっかり枯れてしまった4月下旬には，2個の鱗片は貯蔵物質を使い尽くして薄皮状になっている。そして新たに光合成で生産された同化産物を蓄積した，充実した新しい鱗茎にすっかり取ってかわられている。

やがて落葉樹林の林床には，長く暗い沈黙の夏の季節が訪れる。この間，コシノコバイモはほかの"春植物"と同じように，ほぼ休眠にはいり，地中で秋の到来を待つ。林冠の梢が赤や黄に色づき，秋雨の季節が過ぎると，林床はもうすっかり色とりどりの落葉のじゅうたんで敷きつめられている。この頃，コシノコバイモは5カ月にわたる長い眠りから目をさまし，再び鱗茎から活発に新しい根の伸長を開始する。花茎を上げるのに十分な大きさの鱗茎のなかでは，葉芽だけでなく，花芽の形成がもうすでに始まっている。地上を吹き荒れる吹雪の下で，いつでも地上に飛びだせる態勢を整えたコシノコバイモは，やがて来る春を地下でじっと待機している。

### サイズ・クラス構造と生活史の特徴

鱗茎の大きさがある一定サイズに到達すると，コシノコバイモは発育相の切り替えが起こる。植物体はそれまでの1枚葉とはうってかわり，茎頂に狭披針形の葉を3枚と，少し下部にやや幅広い披針形，もしくは狭卵形の葉を2枚，対をなしてつける。花は1個茎頂にできるが，下垂して咲くので，しばしばこの上部の3枚の葉の下にかくれてあまりめだたない。

披針形で細長いの葉をそなえた実生，さまざまな大きさの1枚葉個体，4～6枚の狭披針形の葉をつけた開花個体からなる比較的密度の高い集団において，そのサイズ構成を調べてみると，後継個体は比較的一定の割合で形成されていることがわかる。富山県八尾町の落葉樹林の林床に成立するコシノコバイモの集団に2m×2mの調査プロットを設定してサイズ構成を調べた。開花(親)個体は20数個体で，必ずしも多くないが，毎シーズンほぼ一定の割合で後継個体が補充されていることをうかがい知ることができる。

調査プロット内に生育するすべての個体の葉の大きさをはかり，個体当たりの葉面積にもとづいて15の階級(クラス)に類別して，おのおののクラスに属する個体数を調べてみた。この場所では，開花個体は28個体あったが，実生を含む1枚葉の無性個体の数は，その合計が386にも達した。このことは，20～30個の成熟個体を支える，いわば予備軍とでも呼ぶべき幼植物集団の大きさが，じつに14倍近いという事実を物語っている。1個の開花個体がつくる平均種子数は27個前後であるので，単純にこれらの数字を掛けあわせてみると，この2m×2mの小区画のなかに，756個もの次世代の担い手が生みだされていることになる。

コシノコバイモは順調に成長しても，少なくとも6，7年はかかって成熟し，開花・結実して，次世代個体を生みだしている。要するに，有性繁殖のみで集団を維持している多年草にとっては，性的成熟に達するまでの年数がかかる分だけ，予備軍である幼植物の個体数が多くなければならない。一度成熟段階に達すると，何シーズンにもわたって継続して有性繁殖活動を行なうような植物は，多回繁殖型と呼ばれる。コシノコバイモは，典型的な有性繁殖依存型の多回繁殖型多年草である。しかし，鱗茎に蓄積される貯蔵物質の量はあまり大きくないので，種子生産数が多くなると，それにみあった分だけのエネルギーが種子へ分配され，翌シーズンには再び無性段階に逆戻りする。個体の生命維持と次世代個体の補充との狭間で，エネルギー的には自転車操業でやりくりしていることがわかる。

多回繁殖型多年草：
polycarpic perennial

## 有性繁殖の仕組み：交配システムと送粉システム

　送粉はもっぱら昆虫によるとみなされるが，雪解け間もない3月下旬から4月上旬には，落葉樹林の林床ではまださほど昆虫の活発な活動は見られず，その記録は残念ながら不完全である。コシノコバイモの花は，植物体とは不釣りあいなその大きさにもかかわらず，色彩は緑色がかって，じつに地味でめだたない。開花期もカタクリやほかの"春植物"に比べて少し早いので，クマバチやマルハナバチなどの学習能力と飛翔力に富んだ大型の送粉昆虫たちが活発に活動する時期より，少しばかり先行している。しかし，下垂して開花する咲き方と花被片の内側に発達した極めて大型の蜜腺の存在は，この植物が送粉において膜翅目（ハチ目）昆虫依存型の形態・構造に分化していることを明らかに示唆している。

　雌しべの子房は3室からなるが，各室には7〜19の胚珠を形成するので，1個体当たりの胚珠数は21〜57（平均36.2）個となる。富山県八尾町郊外のコシノコバイモ集団において，個体当たりの生産種子数を調べてみた。個体ごとのばらつきをみると，年度によって若干異なり，1972年の個体当たり生産種子数は11〜45個（平均27.2個），1973年は14〜48個（平均36.6個）であった。胚珠当たりの稔実率は75%に達する。送粉昆虫が少ない時期としては，稔実率はかなり高い。試みに，花に袋をかけて自殖させてみる。しかし，こうした個体はまったく種子をつけない。同じ花の葯を柱頭の先端にこすりつけて自家受粉してみる。個体当たりに形成された種子は，平均12.6個と野外条件下で得られた数字よりはかなり小さい。その逆に，不稔の"しいな"の数は平均21.7個と非常に多くなり，胚珠当たりの稔実率は37%であった。どうやら不完全ではあるが，自家不和合性のシステムが分化しているのであろう。それにしても野外集団の個体の稔実率はずいぶん高い。きっと，めだたないが効率よく花粉を運ぶ送粉昆虫がいるのであろう。

稔実率：fecundity

　コシノコバイモの種子は2mm前後で球形をしているが，その一端にエライオソームと呼ばれる付属体をもっている。アリによって種子が散布されている可能性は高いが，種子散布の実態はいぜんとして謎につつまれている。栄養繁殖は通常はみられないが，ごくまれに鱗茎が2個に分球し，分離して2個体となる場合が知られる。

エライオソーム：elaiosome

## 染色体数と核型

　*Fritillaria* 属のなかにあってコバイモの仲間7種はいずれも日本固有である。形態的には花型が広鐘形のコシノコバイモ *F. koidzumiana* Ohwi とアワコバイモ *F. muraiana* Ohwi，およびミノコバイモ *F. japonica* Miq.，傘形のカイコバイモ *F. kaiensis* Naruhashi とイズモコバイモ *F. ayakoana* Maruyama et Naruhashi，筒形のトサコバイモ *F. shikokiana* Naruhashi とホソバナコバイモ *F. amabilis* Koidz. の3グループが区別され，花型が分類形質として重視されている（鳴橋，1973；Naruhashi, 1979）。

　しかしながら染色体の基本数からは，$X=12(2V+10I)$ のコシノコバイモ，カイコバイモ，アワコバイモ，トサコバイモのグループと，$X=11(3V+8I)$ のミノコバイモ，イズモコバイモ，ホソバナコバイモの2つのグループに分かれる（野田，1968）。

　最近の分子系統学的研究は，日本に固有なコバイモの仲間7種の系統と分化に関して新たな情報をもたらしてくれた。染色体の基本数が $X=12$ のグループと $X=11$ のグループにまず分岐し，前者はさらにコシノコバイモとカイコバイモのグループとアワコバイモとトサコバイモのグループに分かれ，後者はミノコバイモとイズモコバイモのグループとトサコバイモに分化した可能性を示している。すなわち，コバイモの仲間7種は染色体の基

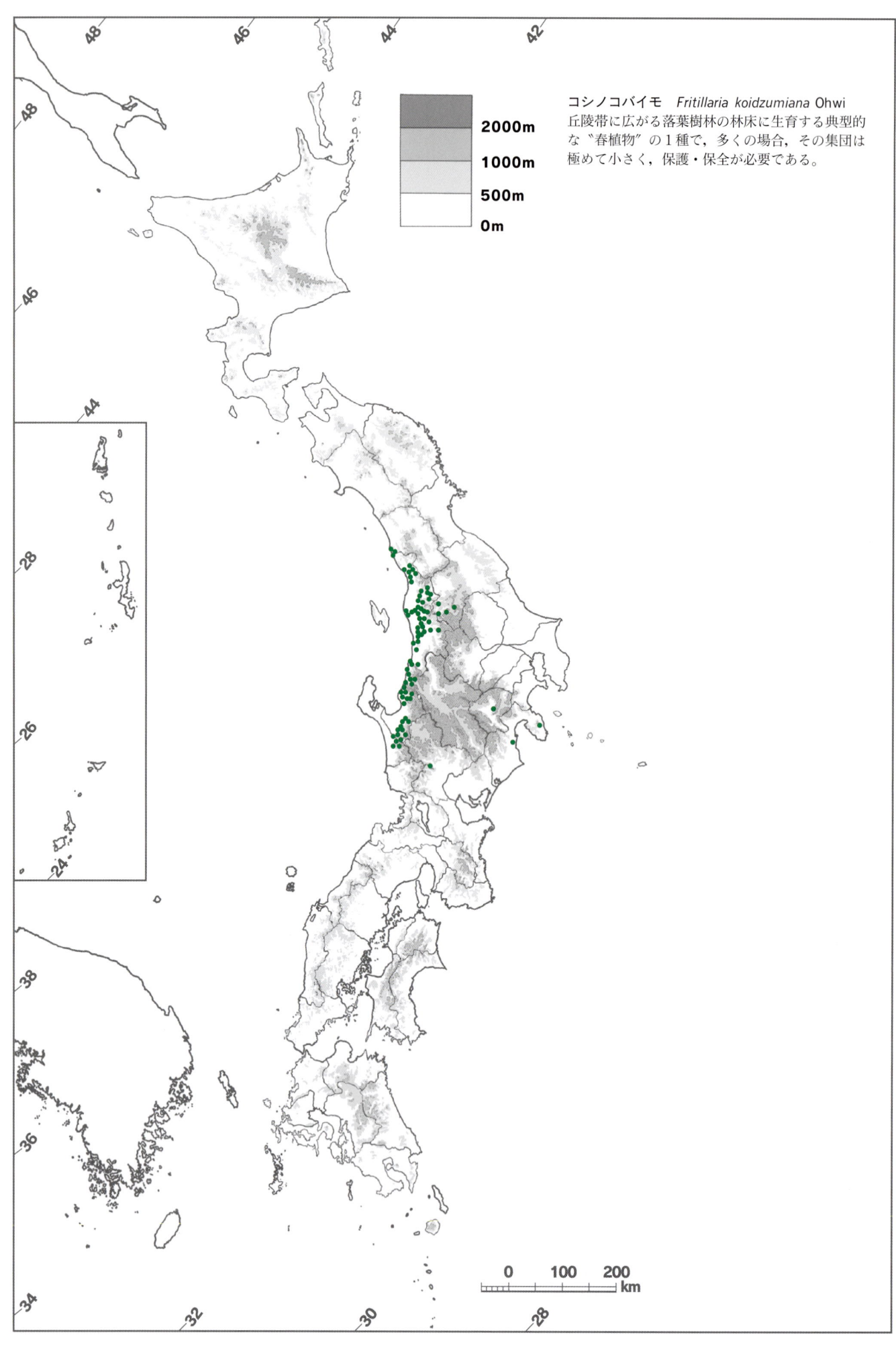

コシノコバイモ　*Fritillaria koidzumiana* Ohwi
丘陵帯に広がる落葉樹林の林床に生育する典型的な"春植物"の1種で，多くの場合，その集団は極めて小さく，保護・保全が必要である。

本数の減数によって2群に分岐し，その後各群で独立に花型が広鐘形から傘形と筒形に平行的に分化したと考えられている（林ほか，1999）．

　生物の減数分裂では，一般に雌雄のどちらの側でも対合した相同染色体のあいだで乗り換えが起こり，キアズマと呼ばれる染色体の構造が観察される．その結果，遺伝子の組み替えが生じ，多様な遺伝的変異を生みだす．しかし，コバイモの仲間はどの種も雄側でキアズマをつくらない．この事実は，植物ではコバイモの仲間にだけ知られている極めてユニークな現象である（Noda, 1975）．

### バイモ属の仲間とその分布

　バイモ属 *Fritillaria* は，北半球の温帯域を中心に広く分布する．一般には，*Petilium*, *Theresia*, *Rhinopetalum*, *Liliorhiza*, *Fritillaria* の5亜属または5節に分類される．100種（約100〜160）以上が記載されており，分布の中心は地中海地方から西アジアとカリフォルニアにある．とくにギリシャから西アジアにかけては，変異に富み鑑賞価値の高い種が多い．たとえば，*Fritillaria* 亜属の *F. meleagris* L. や *Theresia* 亜属の *F. persica* L., および *Petilium* 亜属のヨウラクユリ *F. imperialis* L. などがあげられる．また中国に24種，北米西部には20種と多くの種が分布する．日本には *Fritillaria* 亜属のコバイモの仲間7種と *Liliorhiza* 亜属のクロユリ *F. camtshatcensis* (L.) Ker-Gawl. の合計8種が自生し，中国から薬用として渡来したバイモ *F. verticillata* Willd. は茶花としても利用され，しばしば逸出して野生化している．クロユリは，白山山系以北の高山と北海道の低地から極東地域，サハリン，千島列島，カムチャツカ半島から北米東部にかけて分布する．すなわち極東から北米にかけて2つの大陸にまたがって分布する唯一のバイモ属植物であり，やや湿った草原に自生する．日本の高山のものは2倍体($2n=24$)であり，北海道の低地のものは3倍体($2n=36$)で種子ができず，もっぱら栄養繁殖で殖える．最近の分子系統学的研究からは，バイモ属はユリ属に最も近縁であることが判明している（Hayashi and Kawano, 2000）．

### 自然保護上留意すべき点

　コシノコバイモとその近縁種は，いずれも低地平野部に隣接した丘陵帯の落葉広葉樹林の林床に主としてその分布域があり，集団サイズの非常に小さい種が大半で，極めて局地的な固有種が多い．近年，原生状態を維持した落葉樹林は，開発行為によって人里近くからしだいにその姿を消しつつあり，早春の3〜4週間のごく短い期間に開花・結実する"春植物"の典型であるコバイモの仲間の生育環境は，急速に消滅し，また生育地が分断されて，しだいに劣悪な状態にかわりつつある．

　送粉昆虫もまだそれほど多くない時期に咲く"春植物"にとっては，生育環境をそっくり保全することがとりわけ重視されねばならない．生育地を保護区として指定するなどの，手厚い保護対策が緊急に必要である．

# Life History Characteristics of *Fritillaria koidzumiana* Ohwi (Liliaceae)

Syn. *Fritillaria japonica* Miq. var. *koidzumiana* (Ohwi) Hara et Kanai

*Fritillaria koidzumiana* is a local endemic in central Honshu, mainly distributed on the Japan Sea side of Honshu, with peculiar disjunctions in several localities in Yamanashi and Shizuoka Prefectures on the Pacific side. This typical spring ephemeral is a rare member of broad-leaved deciduous forests in the lowlands, and appears from mid- to late March to mid-April for at most one month. *F. koidzumiana* is a polycarpic perennial, but a rather small plant, attaining only 10 cm in height, with a single unshowy greenish yellow flower hanging from the top of the stem, hiding beneath the narrow lanceolate upper three leaves. It is a typical insect-pollinated species, but in late March to early April very few pollinators are still active, except for some small flies and bees. The three loculous ovary has 21 - 57 ovules with an average number of 36.2. The seed output examined in Yatsuo-machi, Toyama Prefecture, in 1972 ranged from 11 to 45 with an average of 27.2 seeds, and that in 1973 was 14 to 48 with an average of 36.6 seeds. Considering the limited insect activity in early spring, those seed outputs are unexpectedly high, with fecundity levels attaining ca. 75% per ovary. This fact suggests the presence of effective pollinators for *F. koidzumiana* at the prevernal stage in March to April, although they not well known at present.

The size class structure of local populations based on the leaf size was examined in a 2 m×2 m plot on the deciduous forest floor in Yatsuo-machi, Toyama Prefecture. In addition to 28 flowering individuals, the total number of seedlings (linear-lanceolate, attaining ca. 4 cm in length) and single-leaved juveniles (narrow-ovate to oblong leaves, 1 to 4.5 cm in size) classified into 15 size classes reached 386, and the estimated seed output within this 2 m×2 m plot was 756. This suggests that considerably higher numbers of propagules (ca. 27 times) and juveniles (14 times) were present to sustain only 28 fertile individuals in this small plot.

The seeds are furnished with an elaiosome, and thus susceptible to ant dispersal. No exact data are yet available as to the ant fauna as dispersal agents for this *Fritillaria* species.

Seven *Fritillaria* species, including *F. koidzumiana* Ohwi, *F. muraiana* Ohwi, *F. japonica* Miq., *F. kaiensis* Naruhashi, *F. ayakoana* Maruyama et Naruhashi, *F. shikokiana* Naruhashi, and *F. amabilis* Koidz., are known as local endemics in different regions of the Japanese islands (Naruhashi, 1973, 1979). The results of karyological studies indicate that there are at least two different groups, the first group with $X=12$ (2V+10I) chromosomes (*F. koidzumiana, F. muraiana, F. kaiensis,* and *F. shikokiana*), and the second group with $X=11$ (3V+8I) chromosomes (*F. japonica, F. ayakoana,* and *F. amabilis*) (Noda, 1968). Since the habitats of all these local endemic *Fritillaria* species are so limited, special care must be taken for their conservation.

# チゴユリ(ユリ科)

*Disporum smilacinum* A. Gray (Liliaceae)

Syn. *Disporum smilacinum* A. Gray var. *album* Maxim.

　チゴユリの和名は，小型の植物体にクリーム色をした可憐な花を垂れ下げ咲かせる，その愛らしい風情を稚児(ちご)に模して名づけたものである。日本の低地に辛うじて残された落葉樹林や里山の林の林床にしばしばまとまった集団をつくって分布する，代表的な晩春の花である。

## 地理的・生態的分布

　北海道，本州，四国，九州，南千島，朝鮮半島，中国にやや広く分布する。主として低地平野部，丘陵帯，さらに低山帯の落葉樹林に，また所によっては針葉樹林の林床に分布，生育する。林内にできたやや明るいギャップや林縁では，しばしば大きな集団をつくることがある。

ギャップ(gap)：倒木などによって森林林冠に生じた空隙

## フェノロジーの特徴

　春4月，早春の先発グループであるショウジョウバカマやカタクリの開花に遅れること約3〜4週間，5月末にはいって上層の落葉樹の葉が展開をほぼ終了し，しだいにその暗い陰を林床に落とし始める頃，10〜15cm前後の地上茎を伸ばし，4〜6枚の葉をつけた茎の頂に，少しうつむき加減に明るい白色がかったクリーム色の花を下垂して1〜2個ないし，まれに3個咲かせる。ごくまれではあるが，地上茎が3回，3つに分枝し，それぞれの枝の先端に1個，2個，そして3個，合計6個の花を咲かせるような個体もある。このような分枝型は，エダウチチゴユリ(変種)と呼ばれるが，まれに生じた多枝型である。春後半の，まだ林内がやや明るい季節のあいだに，おもに落葉樹林の林床にあって昆虫を花へと誘引し，異なる個体間での受粉・受精を促す。

　葉は楕円形，または長楕円形で，先端は鋭く尖り，その基部はまるい。展葉の初期にはやや葉縁が波打っているが，初夏になるとすっかり広がり，林内の弱い光を光合成のためにしっかりと受けとめる体制が整う。チゴユリは，個体当たりで葉を2〜6枚から，多いものでは8〜9枚，時には12枚もつける。地上に展開直後はやや明るい緑色をしているが，林床が暗くなる初夏にはいる頃にはしだいに濃い緑にかわる。

　受粉・受精が終わった子房は，ゆっくりとふくらみ，7月下旬にはまだ淡い緑色をしているが，夏の終わりには鮮やかな黒みがかった藍色となり，やがて完熟する。10月頃林床へと足を運んでみる。上層の木々の葉はそろそろ色づき始め，ちらほら落葉し始めているが，まだ林内はほの暗い。地上部が薄茶色にかわり，ちぢれたチゴユリの植物体があちこちに点々と目につく。1年間の役割を終えたチゴユリの姿である。しかし地下を掘りだしてみると，地上部のうらぶれた姿とは対照的に，四方八方へと伸長成長したランナーの先端には，もうかなりふっくらと肥大した芽が生き生きと形成され，来たるべき次の季節の準備が完成している。やがて，地下のランナーは貯蔵した物質を，その先端部に形成されたラメット(栄養繁殖体)に迅速に受け渡し朽ち果てる。このような過程を経て，地下で分離した栄養繁殖由来のラメットへと，次シーズンの担い手がバトンタッチされていく。

ランナー，走出枝：runner

ラメット：ramet

## 地下での挙動

　チゴユリは，一般に閉鎖的な森林の林床にまばらな集団を形成して生育するのがつねである。しかし，しばしば林縁のやや明るい場所や，倒木などで林内にできた"ギャップ"などの開放的な空間に，集団を急速に拡張しているのをよく見かける。どうやら，地下で形成されたランナーの先端部に形成されたラメット由来の個体によって，個体数が急増し，

## チゴユリ　*Disporum smilacinum* A. Gray（ユリ科）

1：スギ林床を覆う大集団（a large population in *Cryptomeria* forests），2：結実個体（fruiting individuals），3：開花最盛期（plants in full bloom），4：花（flower），5：雌雄ずい（pistillate and staminate organs），6・8：訪花昆虫（ヤヨイヒメハナバチ，マルハナバチ）（*Andrena hebes* and *Bombus* sp.: pollinators），7：地下を横走するランナー（runners），9・10：ラメット2型（側芽型，ランナー型）（two types of ramet, 1S, 1L）。写真撮影　1・3・9・10：河野昭一，2・4〜6・8：田中　肇，7：増田準三

**チゴユリ** *Disporum smilacinum* A. Gray（ユリ科）

F：花(flower)，B：漿果(berry)，Sd：種子(seed)，S：実生(seedling)，J($J_0$〜$J_3$)：幼植物(juveniles)，Fl：開花個体(flowering ind.)，R：ラメット(ramet)，○ → × → △：ラメットが分離，独立する経路(processes of ramet separation)

| | 密集したパッチ集団が形成されているらしい。 |
|---|---|
| リター，落葉の堆積層：litter | 　先にも述べたように，通常，ランナーは地表面を這うように地下浅く伸長成長をするので，地表面に堆積したリターを取り除いてみると，予想したとおり，四方八方，いたる所に白いランナーを伸ばしている。ランナーは，短いものでは5 cm程度，長いものでは20～30 cmに達する。その数も少ないものでは1本，多いものでは4本も形成されている。 |
| シュート：shoot | 母植物の茎の基部と，ランナーの先端には，例外なしに，次の年の地上シュートを形成する芽が形成される。その様式は極めて複雑で，10型以上の地下ラメットの形成パターンが区別されている（小林，1988）。 |
| | 　チゴユリの葉の数は，前述のように個体当たり2～6枚から，多いもので8～9枚，時には12枚もつけるものがある。葉の枚数が少ない個体は，植物体（バイオマス）の大きさも |
| バイオマス：biomass | 小さく，枚数の増加に比例して植物体は，めだって大きくなる。葉の大きさ，枚数は，それぞれの個体の総光合成量にも相関するから，当然のことながらその稼ぎ高（物質生産量）を大きく左右する。地下に形成されるランナーの長さと数は，地上植物体の葉の枚数とバイオマスに大きく相関している。 |

## 生活史の特徴

　チゴユリはこれまで多年草とされてきた。しかし物質経済と植物体の更新の仕組みをみると，毎シーズンごとに地下の根茎内に蓄えられた貯蔵物質をすべて消費して，新たにラメット由来の植物体をつくり直す，擬似一年草と呼ばれる特異的な生活史特性を有することが明らかになってきた（Kawano, 1975；河野，1988a）。しかし，このような擬似一年草では，毎シーズン終了時に，母植物の周縁部に形成されたラメットがバラバラになって独立するので，生活史の全体像がなかなか把握しづらい。先にも述べたように，地下に形成されるランナーの先端部にできるラメットの振る舞いが，次シーズンの集団を維持するうえで決定的な役割を果たしている。それでは有性繁殖の貢献ははたしてどの程度あるのだろうか。

擬似一年草：pseudo-annual

　チゴユリの種子は発芽した年には地上に葉を展開しない地下発芽型であり，ただちに地上には展開しない。本葉は2年目になって初めて地上に展開するが，葉は必ず2枚できる。その後の幼植物の成長は，極めてユニークな過程をたどる。小型の地上茎の基部には，葉で生産された光合成産物が転流・貯蔵され，栄養繁殖体（ラメット）が1個形成される。やがて地上茎サイズの増大と葉の枚数の増加につれて，地上茎の基部に1個と地下ランナー（走出枝）の先端に1個，合計2個のラメットが形成されるようになる。個体サイズの増大に応じて葉の枚数も増加し，物質生産量も増えるので，形成されるランナーの数もその先端にできるラメット数も2個，時には3個と増えてくる。結果として，1つの親植物由来の1～3個のラメット（大型個体では，まれに5～6個）がバラバラになって，次シーズンの集団構成個体の担い手として供給されることになるから，ラメットの形成が地域集団の維持には決定的な役割を果たすことになる。

## 有性繁殖の仕組み：交配システムと送粉システム

　一方，それでは有性繁殖でできた種子由来の後継者は，いったいどのような役割を果たしているのであろうか。まず，最初に種子が形成される過程と仕組みをくわしく調べてみよう。1つの花には子房3室，胚珠は各室に2個ずつできるので，すべての胚珠が受粉・受精しても，最大6個の種子しかできない。大半の開花個体は1個の花を咲かせ，時には

2個咲かせる。形成される種子数は，個体当たり最大12個ということになる。林床植物は，一般に少産であるものが多いが，そのなかにあってもチゴユリの個体当たりの生産種子数はとりわけ少ない。実際，富山県八尾町の雑木林集団で調べた結果，形成された種子は個体当たりわずか1〜3個，平均1.5個という驚くべき少産であった。今，仮に100個体の開花個体が集団内に生育していたとしても，生産される種子数は，せいぜい150個程度にしかならない。そのうち，発芽し，幼植物段階へと発育が進む個体は，極めて限られた数であるから，勢い，生残率の高い栄養繁殖由来のラメット形成が，しだいに集団内における次シーズン，そして次世代個体の補充にとって主役の座を占めているのも，むべなるかなといわねばならない。

　チゴユリの送粉は，昆虫による典型的な虫媒である。チゴユリは，うすいクリーム色がかった6弁の花を下垂させ，少しうつむき加減に咲かせる。この咲き方から，チゴユリはハナバチ型送粉であることがうかがわれる。チゴユリの花被片は，ほぼ全体が紫外線(UV)を吸収し，訪花昆虫に対するシグナルの分化が認められる(Utech and Kawano, 1976a)。

　関東地方における野外での観察で確認されているチゴユリの訪花昆虫は，ヤヨイヒメハナバチやコマルハナバチなどのハナバチ類が主である。とりわけ，ヤヨイヒメハナバチの体の大きさは，チゴユリの花にぴったりの大きさであるので，一度訪花すると極めて効果的な花粉の運び屋としての役割を果たすことになる(田中，1988)。確かにこの時期には，ハナアブ類も多いが，ハナアブの仲間は宙返り飛行ができない。そのうえ，光が乏しい暗い落葉樹林内にはあまり飛来しないから，暗い林床に小型の白い花を点々とうつむき咲かせるチゴユリの花粉の運び屋としては失格である。

ヤヨイヒメハナバチ：
*Andrena hebes*
コマルハナバチ：
*Bombus ardens ardens*

## 種子散布の仕組み

　チゴユリが，毎シーズンつくる種子数は非常に少ないことが明らかになった。それでも，開花した個体の多くは，秋には黒みがかった藍色の果実を形成し，なにがしかの数の種子を生産している。一般に，赤，ブルー，黒の色彩をそなえた果実は，野鳥に対するシグナルとして知られ，鳥散布型種子とみなされている。しかし，晩秋になって，チゴユリが生える森の林床を訪問し，餌をあさる野鳥の種類もさほど多くはないから，鳥散布の効果はなかなか評価しづらい。種子を内包したチゴユリの果実は，枯死した植物体とともに地面に倒れ込んで，やがて定着を果たすことになる。しかし，種子に由来する次世代個体は，現実に野外の集団ではどの程度の数，割合を占めているのであろうか。

　春，5月の上旬頃，チゴユリの生育する落葉樹林へ歩を進めてみる。すでに，林床のあちこちに明らかにチゴユリの栄養繁殖体(ラメット)由来の芽が地面に突きだしている。注意深く観察し，葉数が2枚のチゴユリ個体をしらみつぶしに探しだす。するとそのなかに，種子の殻をまだつけた幼植物個体が混じっているのが発見できる。じつに，細々とではあるが，有性繁殖は機能していることがわかる。

## 野外集団の構造

　富山県八尾町郊外の雑木林のなかで，開花個体をともなうチゴユリ集団が存在する林の一角に1m×1mの方形区を複数設定し，そのなかに生育するすべてのチゴユリ個体の位置と葉の枚数，開花個体の数を記録してみる。葉の枚数と個体のバイオマスのあいだには正の相関が認められるので，成長と発育相の変化の指標とすることができる。個体当たり

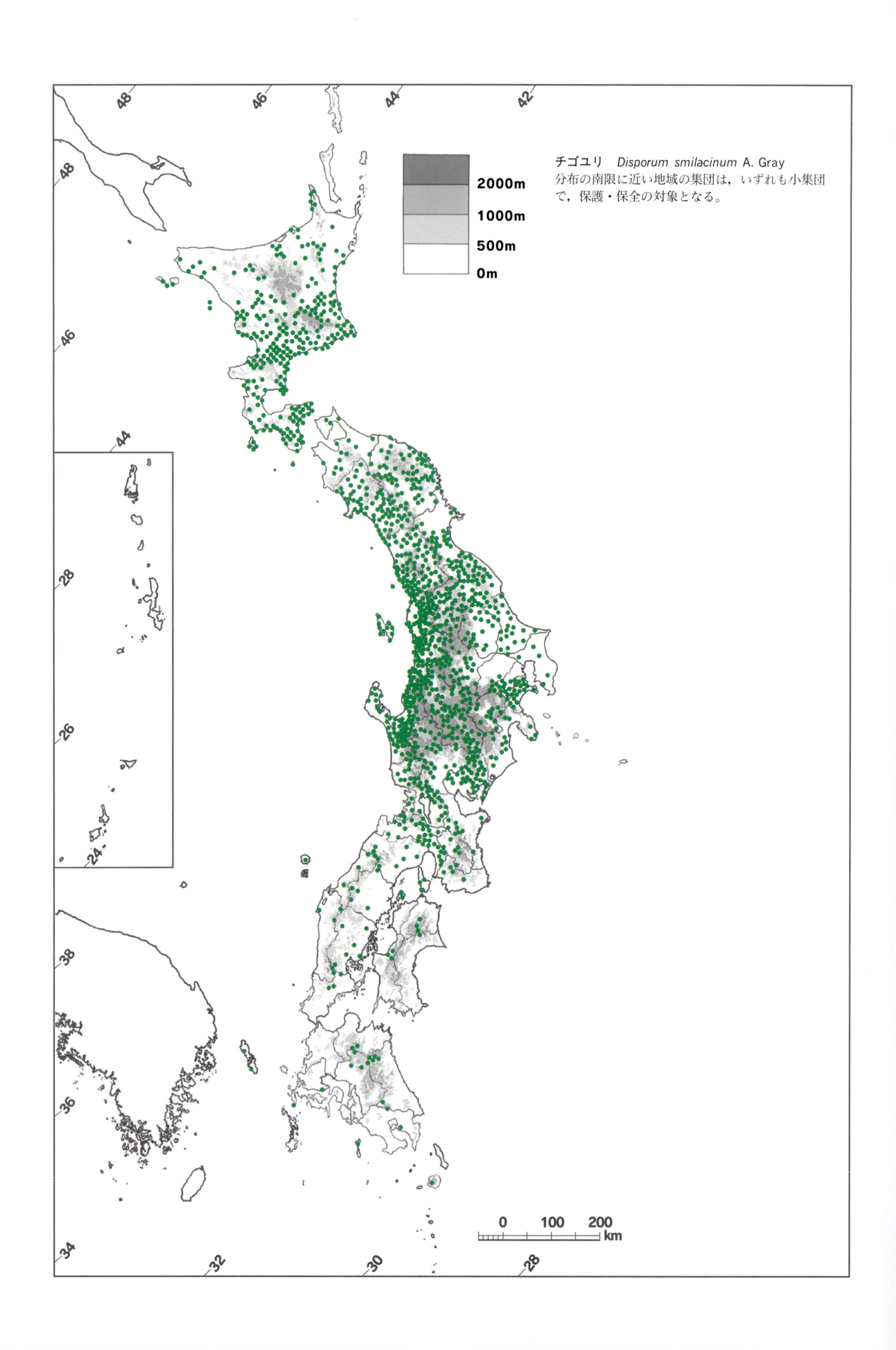

チゴユリ　*Disporum smilacinum* A. Gray
分布の南限に近い地域の集団は，いずれも小集団で，保護・保全の対象となる。

の葉数は，2〜9，2〜12などいろいろであるが，予想どおり2葉の個体は極めて少なく，4〜6葉の個体数が最も多い。開花個体は6葉段階から出現するが，その割合は非常に少ない。野外集団の構造からも，現実に集団の持続的維持が，栄養繁殖によるラメット形成に依存している様子がよくわかる(Kawano, 1985; Kawano et al., 1987；河野，1988a,b)。

**染色体数と核型**

2n＝16の2倍体である(Hasegawa, 1932; Lee, 1967; Arano and Nakamura, 1967; Utech and Kawano, 1977)。核型は非相称で，相対長の変異が大きい。次の核型式で表わされる。$K(2n)=16=2J_1+2V_1+2J_2+2V_2+2j_1+2j_2+2j_3+2v_1$ (Utech and Kawano, 1977)

**チゴユリの仲間とその分布**

チゴユリ属には*Disporum*，*Paradisporum*の2節に属する22種が知られる。その地理的分布域は，日本列島から台湾，中国内陸部を含む北東アジアの温帯に拡がっているが，分布の飛び地がマレー半島，ジャワ島，スマトラ島と，インド半島の最南端とセイロン島にもある。日本列島には，チゴユリ，オオチゴユリ *D. viridescens* (Maxim.) Nakai，キバナチゴユリ *D. lutescens* (Maxim.) Koidz.，ホウチャクソウ *D. sessile* Don の4種の分布が知られ，いずれも主として温帯性落葉広葉樹林の林床にそのおもな生活圏がある。その生活史特性は，多年草から特殊化が進んだいわゆる擬似一年草であることが判明している。

*Ovaria*節の唯一の種，韓国の済州島，朝鮮半島，中国の安東省にかけて分布する *Disporum ovale* Ohwi の帰属に関してはこれまでいろいろな説があった。たとえば葉は基部で茎を抱き，葉縁には顕著な腺状毛があり，花被片もその基部が袋状にならず，果実も鮮やかに赤熟するところから，タケシマラン属 *Streptopus* とする論議があった。最近の分子系統学的解析の結果，やはりタケシマラン属とすることが正しい，という見解が支持されている(Fuse et al., 2001)。また，北米の西部，東部の温帯に分布する *Prosartes* 節の5種は，その後，分子系統学的解析により北米に固有な別属であることが判明している(Shinwari et al., 1994)。

**自然保護上留意すべき点**

日本列島での分布域は，北は北海道から南は九州まで，低地平野部の落葉樹林の林床から低山帯のブナ林，所によっては亜高山帯の針葉樹林の林床まで拡がっている。耐陰性が強い典型的な半陰地性の種であるので，とりわけ低地平野部においては，クヌギ，コナラなどのいわゆる雑木林を含む森林環境と，送粉昆虫であるハナバチ類の生息環境もあわせて保全することが大切である。つまり，共生系がまるごと保全・保護されねばならない。

# Life History Characteristics of
# *Disporum smilacinum* A. Gray (Liliaceae)

Syn. *Disporum smilacinum* A. Gray var. *album* Maxim.

*Disporum smilacinum* is a representative member of the temperate deciduous forests in the lowlands as well as the foothills, but occasionally occurs in the understory of shady coniferous forests in the montane zones of Hokkaido, Honshu, Shikoku and Kyushu. This species is a typical monocarpic pseudo-annual (Kawano, 1975, 1985), expanding aerial shoots and blooming in late April to early May when the upper canopy layer is gradually expanding, casting shade on the forest floor.

One or two (very rarely, three) flowers are borne from the top of the stem. The creamy white flowers are insect-pollinated, attracting bumblebees such as *Bombus ardens ardens*, *Andrena hebes*, etc. Each flower has 6 ovules, and thus the number of seeds to be produced per plant varies from 6 to 12, or rarely, 18. However, the actual fecundity level is very low, only 1 to 3 seeds (mean no.: 1.5±0.7) being formed per plant, and thus, very inefficient for reproducing offspring by sexual reproduction. The mature berries are blue, which may attract birds, but most of the fruits containing one to three seeds are dropped on the surrounding ground. Dispersibility of seeds (genets) is hence very limited, even if occasional long distance dispersion may take place by birds.

The most significant alternative means for population maintenance is vegetative reproduction. In mid-summer, 1 or 2 (rarely 3 to 4) long-creeping underground runners, 5 to 20 cm or more in length, are formed from the base of the aerial shoot. At the tip of each runner, small buds are eventually formed, and photosynthate will eventually be translocated into apical buds. In late summer when mother plants decay, all these apical buds become separate from the mother plants, forming independent ramets. The number of ramets formed varies from 1 to 3, but very rarely from 5 to 6. Obviously, the survival rates of underground ramets are much higher than genets derived from seeds (genets). This is most clearly shown in the size-class structures of every local population of *D. smilacinum* (Kawano, 1985; Kawano et al., 1987). The number of cauline leaves varies from 2 to 12, but the plants with 4 to 6 are always predominant. Flowering plants bear at least 6 leaves, but rarely some larger plants bear 8 to 9, or even 12 leaves.

The somatic chromosome numbers of *D. smilacinum* are known to be diploid, with 2n=16 chromosomes (Hasegawa, 1932; Lee, 1967; Arano and Nakamura, 1967; Utech and Kawano, 1977), and an asymmetrical karyotype:

$$K(2n)=16=2J_1+2V_1+2J_2+2V_2+2j_1+2j_2+2j_3+2v_1$$ (Utech and Kawano, 1977).

Twenty-two *Disporum* species, referred to Section *Disporum* and *Paradisporum*, are at present known. In Japan and adjacent areas, the following four species, *D. smilacinum*, *D. viridescens*, *D. lutescens*, and *D. sessile* and its variety, var. *micranthum*, and var. *kyusianum*, are known, but all these species are monocarpic pseudo-annuals, a specialized type of life history strategy derived from the polycarpic perennial (Kawano, 1974, 1984, 1985; Kawano et al., 1987).

## ホウチャクソウ(ユリ科)

*Disporum sessile* Don (Liliaceae)

Syn. *Uvularia sessilis* Thunb.

　ホウチャクソウの和名はその大型の風鈴(宝鐸)のような花の形からつけられた。元来，日本列島においては，落葉広葉樹林の林床植物の代表である。しかし近年は，その分布の中心である低地平野部や都市近郊に隣接した丘陵地帯にかつて発達していた自然林が消滅したので，今や雑木林や竹やぶなどの主となった感がある。比較的身近であるが故に，その特殊な生活様式や，独特な繁殖戦略にあまり関心がもたれていない植物でもある。しかし，このけなげな"里山の住人"にも，私たちの関心を大いにむけようではないか。

### 地理的・生態的分布

　北海道，本州，四国，九州，琉球列島からサハリン，南千島，朝鮮半島，中国までやや広く分布する。主として落葉樹林の林床に生育する。時には自然林だけでなく，二次的植生である植栽林や竹やぶなどにも生えるが，本来の生育地ではない。

　植物体は高さが40 cm～1 m弱に達するが，日本列島においてはその分布域によって草丈，葉のサイズと形態に変異が大きい。北海道，本州中北部，とくに日本海側の集団構成個体は植物体も大型で，葉は広長楕円形である。しかし本州太平洋岸から四国，九州にかけて植物体はやや小型化し，葉は狭長楕円形とかわり，同じユリ科の林床植物であるマイヅルソウ(Kawano et al., 1968)やツクバネソウ(河野ほか, 1980)などの葉形と大きさに見られるのと同様な，いわゆる地理的クライン(勾配)を形成する。

### フェノロジーと野外集団の構造

　4月中旬以降に，典型的な"春植物"群より少し遅れて地上にシュート形成を始める，後発の林床植物の代表である。開花期は，4月下旬～5月上旬にかけて上層の落葉樹の葉が展開し，その陰をしだいに林床に落とし始める頃，急速に地上茎を伸ばし始める。初めは，伸長する地上茎にまだ開ききらない葉を互生し，5, 6枚から10数枚，下向きにつける。やがて，枝の先端より1ないし2個の花を，12～25 mmの花柄の先に下垂して咲かせる。花被片はクリーム色で，基部から上部の3分の2は薄緑色を帯びる。長さは22～28 mm，倒披針形で凸型で鈍頭，先端はやや広がる。

　開花の最盛期は2週間程度しか続かない。上層の落葉樹が完全に展葉し林床に暗い陰を投げかける頃，ホウチャクソウの葉もしっかりと開ききる。

　葉は，卵状楕円形または長卵形で，先端は鋭く尖り，基部はまるく，短い柄がある。

　ホウチャクソウが，個体当たりに形成する葉の枚数は変化に富む。花をまだつけない無性個体では，3枚から13枚までかわるが，開花個体の葉数は多い。茎が分枝しない開花個体では7～10枚，1回分枝する2叉型では11～15枚，2回分枝する3叉型では16～24枚，ごくまれではあるが3回分枝する4叉型では，25～27枚もの葉をつける。葉数の増加は，光合成能力の増大につながり，植物体もより大型になる。単位面積(5 m×5 m)当たりの個体数を，個体当たりの葉数ごとに集計してみると，3つのピークが見られ，地上茎の分枝によって葉数が著しく増加する様子がよくわかる。

　個体当たりの花数は，分枝型でもあまり増えない。1～2個がごく普通であり，極めてまれに4個の花をつけることもある。やがて夏が終わり，9月にはいる頃，初め淡い緑色をしていた果実は，やがて黒藍色になる。個体当たりに形成される種子は，1～13個と，植物体の大きさに比べると意外に少ない。平均すると，個体当たりでわずか4.7～5.3個の種子しかできない(Kawano, 1975)。

春植物：spring plant, spring ephemeral
シュート：shoot

48枚以上の葉をもつ巨大な個体が秋田県で記録されている。

**ホウチャクソウ** *Disporum sessile* Don（ユリ科）

1：群生する2倍体集団（a diploid population），2・3：花と断面（flowers and their longitudinal section），4・5：結実期（fruiting stage），6：盗蜜するコマルハナバチ（*Bombus ardens ardens* robbing honey），7：3倍体集団（a triploid population），8：種子（seeds），9：伸長を開始したランナー（runners），10：実生（seedling），11：ラメット2型（側芽型，ランナー型）（two types of ramet, 1S, 1L）。写真撮影　1・7：堀　良通，2〜6・8：田中　肇，9：増田準三，10・11：河野昭一

ホウチャクソウ *Disporum sessile* Don（ユリ科）
F：花(flower)，B：漿果(berry)，Sd：種子(seed)，S：実生(seedling)，J($J_1$〜$J_3$)：幼植物(juveniles)，Fl：開花個体(flowering ind.)，R：ラメット(ramet)，○ → × → △：ラメットが分離，独立する経路(processes of ramet separation)

### 地下での挙動

秋，10月，ホウチャクソウの地上部が枯死する頃，地下を掘り起こしてみると，あらゆる方向へランナーを伸長している。その先端には，もうかなりふっくらと肥大した芽が形成され，次の季節への準備ができあがっている。やがて，地下のランナーは急速に貯蔵した物質を先端部に形成したラメット(栄養繁殖体)に受け渡し，朽ち果てる。地下で分離した栄養繁殖由来のラメットは，次シーズンの担い手としての役割を果たすことになる。

ホウチャクソウが地下で形成するラメットには，2つのタイプがある。その1つは，当年生の地上茎のすぐ脇にラメットが形成される場合である。もう1つは，地下を40〜50 cmから，長いものでは1m近くランナーを伸ばし，その先端にラメットを形成する場合である。非常に密度が高く，密集して生える集団では，1mほど伸びたランナーが互いにもつれあって，個体が判然と区別できないほどである。

当然のことながら，地上個体のつける葉の枚数が多い個体ほど，地下ランナーの本数も，長さも大きい。光合成による生産量の違いが，次シーズンへのバトンタッチを担うラメットの数と，地下空間の占有に大きく寄与しているのである。

### 経年成長の過程と生活史の特徴

ホウチャクソウは多年草と呼ばれる。しかし，物質経済と植物体の更新の仕組みをみると，チゴユリと同じように，シーズンごとに地下の根茎内に蓄えられた貯蔵物質をすべて消費して，新たなラメットをつくり直す典型的な擬似一年草型の生活史特性をもつ(Kawano, 1975)。シーズンが終わる秋には，母植物に隣りあってラメットが形成される場合もあるが，多くは周縁部の地下に伸長したさまざまな長さのランナーの先端部にラメットを形成する。その後，ランナーに暫時的に蓄えられていた栄養分は消費し尽くされ，やがて冬を迎える11月頃になると，ランナー先端部のラメットはバラバラになって独立する。ランナーは，少ない個体では1本，多い個体では長，短3本形成される。ラメットは，越冬して，翌春には新しい地上個体を形成する担い手となる。

ホウチャクソウは，有性繁殖でも次世代の担い手をつくる。果実は，その多くが植物体もろとも地表面上に倒伏し，土壌中に埋もれて越冬する。種子は翌春発芽するが，ただちに地上に葉を展開しない地下発芽型である。本葉は2年目になって地上にその姿を現わすが，葉を2枚つける。その後，幼植物は数シーズンを経過する過程で，地上茎当たりに形成する葉数を増やし，同時に地下にもランナーを活発に形成するようになる。

葉の枚数が少なく，地上個体が小型の段階では，地上茎の根ぎわに，生産された光合成産物が転流・貯蔵したラメットを1個形成する。一方，地下ランナーを1本形成する場合は，その先端にラメットを1個形成する。やがて葉の枚数の増加につれて，基部に1個とランナーの先端に1個のラメットを形成する。地上茎の分岐が起こり，葉の枚数が増加するにつれて植物体のサイズは増大し，地下に形成されるランナーの長さも1mに達するものが，2本，時には3本と増え，その先端にラメットがつくられる。

結果として，1つの母植物由来のラメットが，あちこちに広がりバラバラになって，次シーズンの集団を構成する個体の担い手として供給されることになる。無性的なラメット形成が，閉鎖的な森林の林床において，地域集団の維持に果たす役割は極めて大きい。

### 有性繁殖の仕組み：交配システムと送粉システム

---

ランナー，走出枝：runner

ラメット：ramet

擬似一年草：pseudo-annual

ホウチャクソウは経年成長を繰り返し，シーズンごとに形成されるラメット由来の個体の葉数が増し物質生産量が増大すると，やがて花を咲かせ，種子形成を行なうようになる。

　花は，枝の先端より 12〜25 mm の花柄の先に，1 ないし 2 個を下垂して咲かせる。花被片の内面基部には毛が生え，2 mm ほど花柄の方へ突きだし袋状の距となり，蜜腺が形成される。チゴユリと同様に，花被片はほぼ全体が紫外線(UV)を吸収し，訪花昆虫に対するシグナルの分化が認められる(Utech and Kawano, 1976)。開花は，2 週間程度しか続かない。この限られた花の季節のあいだに，おもに落葉樹林の林床にあって昆虫を花へと誘引し，異なる個体間での受粉・受精を促さねばならない。

　虫媒花の場合，花の咲き方を見ると，その植物がどのような花粉の運び屋と特約契約を結んでいるかがよくわかる。蜜腺を花被の先端部につくり，下垂して咲き，紫外線をよく吸収する白い花，この種の咲き方をする花は例外なく，宙返り飛行できるハナバチ送粉型であるといえる。ホウチャクソウの訪花昆虫を観察すると，この予想はみごとに的中した。自由自在に飛行できる大型のオオマルハナバチやトラマルハナバチが頻繁に吸蜜に訪花していた。しかし，ハナバチの仲間にも裏切り者はいる。体形がやや小さいコマルハナバチは，下垂するホウチャクソウの花へ直接潜らずに，いきなり蜜腺のある距の部分に外側から，強力な口吻をずぶりと突き立て，やすやすと盗蜜する。自然界にも，花粉の運搬に貢献することなく，花蜜をやすやすとものにする無法者がいることがわかる。

オオマルハナバチ：
*Bombus hypocrita hypocrita*
トラマルハナバチ：
*Bombus diversus diversus*
コマルハナバチ：
*Bombus ardens ardens*

## 種子散布の仕組み

　ホウチャクソウの種子生産量はすこぶる小さい。黒みがかった果実は，明らかに野鳥を誘引するシグナルである。しかし直径 7〜8 mm 前後で数も少ないとあっては，その誘引効果もあまり大きいとはいいがたい。個体当たりの生産種子数も 5 個内外では，次世代個体の確保にとって，有性繁殖への依存の可能性はいたって低いとみなさねばならない。活発な地下ランナーの形成と，無性的に形成されるラメットへの依存度が高い，という事実がそのすべてを物語っているように思われる。

## 野外で見られる 2 倍体集団と 3 倍体集団の特徴

　ホウチャクソウには，染色体数が $2n=16(2X)$ と，$2n=24(3X)$ の 2 倍体と 3 倍体が存在する(藤島ほか，1972)。ホウチャクソウの野外集団を注意深く観察すると，小型個体だが花を咲かせている集団と，大型個体のみが開花している集団の 2 種類があることがわかる(生態写真参照)。小個体の集団は 2 倍体であり，一方，大個体の集団は 3 倍体である。両者が混生している場合もあるが，それぞれがまとまって集団をつくっている場合が多い。2 倍体の個体と 3 倍体の個体では，さまざまな点で違いが見られる。外見の違いは花の構造を見るとはっきりする。2 倍体の花柱は花冠より長く，外に突きだしている。3 倍体では花柱は花冠の外に突きださない。また，気孔の大きさと密度も異なっている。2 倍体の気孔の長径は約 60 $\mu$m，3 倍体が約 80 $\mu$m であり，2 倍体の気孔密度は 3 倍体の約 1.5 倍である(堀ほか，1985)。

　さらに，有性繁殖に顕著な違いが見られる。第一は結実の有無である。2 倍体は 1 果実当たり 4.7〜5.3 個の種子ができるが，3 倍体はほとんど結実しない。第二点は，花芽が形成されるときのラメットの大きさ(花芽形成の臨界サイズ)である。半数以上のラメットが花芽をつける臨界サイズで比較すると，3 倍体は 2 倍体の 2.7 倍の大きさである。栄養繁殖にも有性繁殖と同様な差が見られる。2 個以上のラメットが形成された場合で比べる

臨界サイズ：critical size

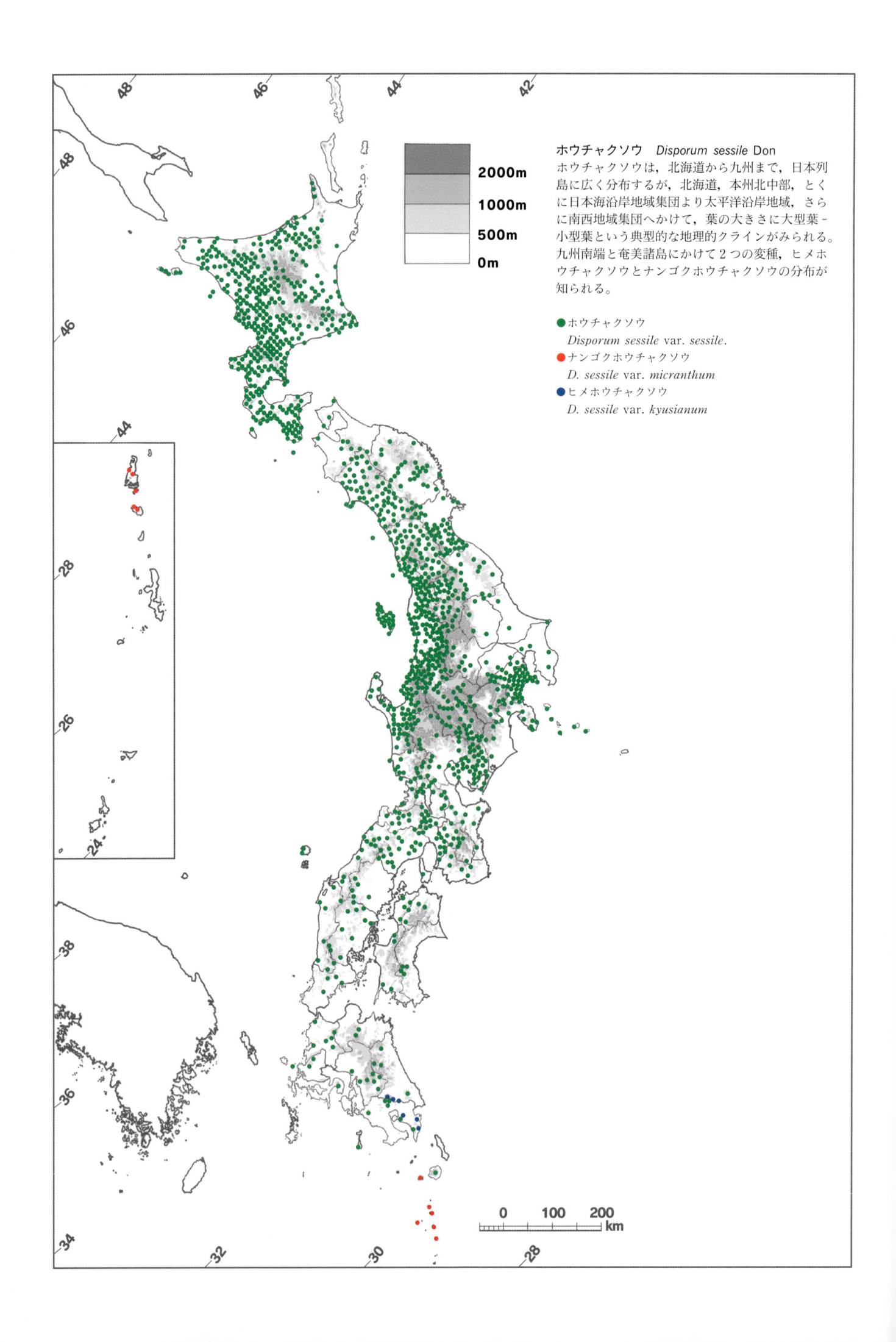

**ホウチャクソウ** *Disporum sessile* Don

ホウチャクソウは，北海道から九州まで，日本列島に広く分布するが，北海道，本州北中部，とくに日本海沿岸地域集団より太平洋沿岸地域，さらに南西地域集団へかけて，葉の大きさに大型葉－小型葉という典型的な地理的クラインがみられる。九州南端と奄美諸島にかけて2つの変種，ヒメホウチャクソウとナンゴクホウチャクソウの分布が知られる。

- ● ホウチャクソウ *Disporum sessile* var. *sessile*.
- ● ナンゴクホウチャクソウ *D. sessile* var. *micranthum*
- ● ヒメホウチャクソウ *D. sessile* var. *kyusianum*

と，3倍体は2倍体よりも約3倍の物質生産がないと栄養繁殖を行なわない。相対照度7％の条件の明るさで，約10〜20 mg 乾重のラメットを栽培したところ，2倍体のランナーの平均長は104(68〜157)cm，中央部の平均直径は2.1(1.6〜2.4)mm であった。一方，3倍体はそれぞれ63(42〜82)cm と3.2(2.6〜4.2)mm であった(Hori et al., 1992)。3倍体の栄養繁殖の特徴は，大きな少数のラメットを，太く短いランナーで形成しているところにある。

一般的にほとんどの植物に当てはまることだが，繁殖体が大きいと，すなわち親から受け継いだ同化産物量が多いほど，発芽後の生存率は高い。そのため，栄養繁殖によってつくられたラメットは，種子から発芽した実生よりも生存率が高い。また生存率は環境条件とも密接に関連しており，暗い環境よりも明るい環境の方が高い。ホウチャクソウの2倍体は3倍体に比べて，たくさんの実生より小さな多数のラメットをつくる。そのため，明るい環境のもとでは死亡率が低く，より大きな個体群増殖率を保つ。2倍体と3倍体のホウチャクソウの光の強さに対する増殖率の変化を調べてみると，2倍体の方が光に対する増殖率の変化は大きく，暗い場所では3倍体よりも増殖率が低くなり，反対に明るい場所では高い(Hori et al., 1995)。ホウチャクソウは2倍体が集団を維持しえない厳しい環境下でも，3倍体による個体の大型化と大型のラメットの生産によって生存を可能とし，集団の持続的維持と生育環境の拡大をはかっている。

相対照度：林外の照度に対する群落下層ならびに林床の照度の百分率

### 染色体数と核型

$2n=16$ の2倍体(Hasegawa, 1932; Fujishima and Kurita, 1973; Noguchi and Kawano, 1974; Utech and Kawano, 1974; Tamura et al., 1992)，と $2n=24$ の3倍体(Hasegawa, 1932, 1933; Fujishima and Kurita, 1973; cf. Hori et al., 1992)が知られる。核型式は以下に表わされるとおり非相称型で，基本的には2倍体も3倍体も同一である。

$K(2n)=16=2J_1+2V_1+2J_2+2J_3+2j_1+2j_2+2j_3+2v_1$ (Utech and Kawano, 1974; Tamura and Kawano, 1992)

### ホウチャクソウの仲間とその分布

日本列島には，チゴユリ *D. smilacinum* A. Gray，オオチゴユリ *D. viridescens* (Maxim.) Nakai，キバナチゴユリ *D. lutescens* (Maxim.) Koidz.，ホウチャクソウとその変種ナンゴクホウチャクソウ(別名コバナホウチャクソウ)*D. sessile* var. *micranthum* Hatusima，ヒメホウチャクソウ *D. sessile* var. *kyusianum* Hotta(鹿児島県環境生活部環境保護課，2003)の4種2変種が分布する。これらの4種の生活史特性は，多年草から特殊化が進んだいわゆる擬似一年草である。いずれも温帯性落葉広葉樹林の林床におもな生活圏があるが，琉球諸島に分布するナンゴクホウチャクソウとヒメホウチャクソウは，照葉樹林の林床にそのおもな生活圏がある。しかし，その生活史特性の全体像は，まだ正確には把握されていない。

### 自然保護上留意すべき点

分布域は北海道から九州までの低地平野部の落葉樹林の林床を中心に拡がる。比較的耐陰性が強い草本植物であるが，とりわけ低地平野部のクヌギ，コナラなどの雑木林の自然とともに，重要な送粉昆虫であるマルハナバチの生息環境もあわせて保全することが大切である。

# Life History Characteristics of *Disporum sessile* Don (Liliaceae)

Syn. *Uvularia sessilis* Thunb.

*Disporum sessile* is a typical element of the temperate deciduous forests in Japan, and is a monocarpic pseudo-annual, as are *Disporum smilacinum, Allium monathum*, etc. (Kawano, 1974, 1984, 1985; Kawano et al., 1987). This species occurs widely in northeastern Asia, extending from Sakhalin, south Kuriles, throughout Japan, to China. This species is very variable in stem height, size and shape of leaves, and also in size of flowers. In its leaf size and shape, there is a conspicuous geocline in the populations from north to south, or from the Japan Sea side of Honshu to the Pacific coast, as is seen in several understory herbs such as *Maianthemum dilatatum, Paris tetraphylla*, and so on (Kawano et al., 1968,; Kawano et al., 1980).

*Disporum sessile* extends aerial shoots, blooming in late April to early May when the upper canopy layer is gradually expanding, casting shade on the forest floor. One or two (rarely, three) tubular flowers are borne at the tip of the 12 - 25 mm pedicel, which hang down from the top of the stem. The creamy-white flowers have six petals with a greenish tip and are insect-pollinated, attracting bumblebees such as *Bombus hypocrita hypocrita, Bombus diversus diversus*, etc. However, frequent nectar-robbing by these bumblebees is known, and thus, they can not always be effective pollinators. Each flower has 6 ovules; and thus, possible seed production per plant varies from 6 to 12 ( - 18). However, the actual fecundity level is very low, producing only 1 to 13 seeds (mean no.: $4.7 \pm 2.6$) per plant. Such low seed productivity is very inefficient for reproducing offspring (Kawano, 1975). The mature berries are blackish blue, and therefore, susceptible to bird dissemination, but at the end of the season in late August to September, the aerial shoots bearing fruits decay and fall down together on the forest floor. The dispersibility of seeds (genets) thus appears very limited.

An alternative means for reproduction is vegetative offshoot formation. In midsummer, 1 or 2 (rarely, 3 to 4) long-creeping underground runners, often extending more than 50 cm (rarely, ca. 1 m), are formed from the base of the aerial shoot. Apical buds (ramets) formed at the tip of each runner will become separate, when the mother plants and underground runners decay. The consequences of effective offshoot formation by vegetative reproduction are clearly reflected in the size-class structures of local populations, with a sharp peak in size-classes with 5 to 11 cauline leaves, including both sterile and fertile individuals, although fertile plants bear much higher numbers of leaves, ranging from 7 to 27 (Kawano et al., 1987).

Two different chromosome numbers are found in *D. sessile*, i.e., diploid ($2n=16$) (Hasegawa, 1932, Fujishima and Kurita, 1973; Noguchi and Kawano, 1974; Utech and Kawano, 1974; Tamura et al., 1992) and triploid ($2n=24$) (Hasegawa, 1932, 1933; Fujishima and Kurita, 1973; cf. Hori et al., 1992). The basic karyotypes are the same for both diploid and triploid plants (Utech and Kawano, 1974; Tamura et al., 1992). Triploid plants of *D. sessile* produce longer creeping subterranean runners, often covering a wide area of several $m^2$ or more, and in such cases the entire patch population looks exceedingly uniform (Hori et al., 1995).

# キバナノアマナ（ユリ科）

*Gagea lutea* (L.) Ker-Gawl. (Liliaceae)

Syn. *Ornithogalum luteum* L.

　北国の春は，4月にはいっていっせいにやってくる。スタートは遅く，そのうえ短い。この短い花の季節を飾るのが，キバナノアマナ，フクジュソウ，エゾエンゴサク，カタクリ，キクザキイチゲ，オオバナノエンレイソウなど，黄，ブルー，ピンク，白など，色とりどりの花々だ。地面いっぱいに，小さな星くずをばらまいたようなキバナノアマナの黄金色の花は，ひときわめだって美しい。

## 地理的・生態的分布

　分布域は，ヨーロッパから北東アジア（中国，シベリア東部）にかけてのユーラシア大陸の森林林床に拡がっている。日本列島に隣接するサハリンや千島列島，北海道，本州中部以北に多く，本州西南部，四国ではごく限られた地域にのみ分布する。雪解け直後の早春の落葉広葉樹林の明るい林床に生育する〝春植物〟の代表でもある。

春植物：spring plant, spring ephemeral

## フェノロジーと経年成長の過程

　北海道の4月，〝春植物〟と呼ばれる一群のなかでも，キバナノアマナはキクザキイチゲ，アズマイチゲなどとともに，雪解け直後の落葉広葉樹林の林床に先陣をきって開花する。明るく黄金色のキバナノアマナの花は，とても華やかでめだつが，よく見るとその周縁には，栄養段階にある1枚葉個体が無数に共存して生えている。ちなみに，札幌市内にある北大植物園においてキバナノアマナの集団が発達する，やや開放的な林縁の草地と落葉樹林の林床1 m$^2$の面積内に生育する個体数は，それぞれ2,700～5,500個体，350～860個体で，想像をはるかに超える高密度で集団が成立していることが明らかにされている（Takahashi and Tani, 1997）。しかしながら，開花段階の個体数は，それぞれ135個体，30個体という対照的な構成を示し，集団構成個体の総数に対する割合は林縁のオープンな草地では2.5～5%であるのに対し，林床ではより高く，3.5～8.6%の割合を占めていることが明らかにされている。

　葉は，シーズンが始まり，地上へ展葉した直後は，軟らかい毛が少しあるが，やがて平滑となる。地上部の生育期間は短く，光合成を通じて得られた貯蔵物質を地下の鱗茎に蓄え，5月下旬～6月中旬には完全に地上部は枯死する。開花期の成熟個体は，大きさ1～1.5 cm前後，黄褐色の外皮につつまれた卵形の鱗茎から長さ15～35 cm，幅5～22 mmの1枚の根出葉をだし，葉は基部では花茎をつつむ。開花個体の根出葉は，幼植物よりもやや幅が広くなった広線形で，普通は花茎よりも長く，展葉後は地面の上に倒れて，広がるものが多い。散形または複散形花序は2枚の苞葉をともなうが，下方のものは4～8 cmと大きく，上方のものはより小型である。花序には，1～4 cm前後の長さの小梗があり，その先にめだって鮮やかな黄金色の花を，通常1～10個，ごくまれに15個以上も咲かせる。花被片は黄色で，線状長楕円形，裏面は緑色を帯び，長さは12～15 mm，先端は鈍頭である。子房は倒卵形で3室に分かれる。各室の胚珠数は，開花の順によって異なるが，初めに咲く花では平均13個（個体当たりでは約39個），終わり頃に咲く花では平均8個（個体当たりでは約24個）と少ない。花柱は柱状で，小型の柱頭がある。

　結実期にはいったキバナノアマナの振る舞いを，ほかの〝春植物〟と比較してみると，カタクリのように花茎が種子が熟するまでしっかりと立っておらず，子房がふくらむとともに垂れ下がり，やがて地上にだらしなく倒れ込む。そして地下の鱗茎から同化産物を転流させて種子を完熟させる。このような種子生産のやり方は，同じユリ科の〝春植物〟，アマナやヒロハノアマナとよく似ている。散形花序の先端には，長さ7 mm前後で，や

### キバナノアマナ　*Gagea lutea* (L.) Ker-Gawl.（ユリ科）

1：伸長を開始した開花シュート（young flowering shoot），2：花（flower），3：開花集団（a population in bloom），4：訪花昆虫（ハナアブ類）（*Eristalis* sp.: pollinator），5・6：さく果と種子（capsules, seed），7・8：無性1葉段階個体と無数のラメット形成する鱗茎（various stages of a single leaf stage, producing numerous ramets），9：幼植物（juvenile plants）。写真撮影　1・3・5・6：梅沢　俊，2・4：西川洋子，7・8：河野修宏，9：大原　雅

キバナノアマナ　*Gagea lutea* (L.) Ker-Gawl.（ユリ科）

F：花(flower)，In：花序(inflorescence)，Cp：さく果(capsule)，Sd：種子(seed)，S：実生(seedling)，J(J₁〜J₄)：幼植物(juveniles)，Fl：開花個体(flowering ind.)，Bl(R)：娘鱗茎(またはラメット)(bulblet, ramet)，○ → × → △：娘鱗茎(ラメット)が分離，独立する経路(processes of bulblet (ramet) separation)

や円形で3つの稜がある果実をつける。種子は，黄緑色で乾くと黄褐色となり，大きさは2.5 mm程度である。1個のさく果には，初めに咲く花では平均18個の種子が形成され，終わり頃に咲く花では，光合成産物の転流・供給が先細りとなって結実に失敗する場合が増え，種子数は非常に少なく平均1個程度しか形成されない(西川，2000)。

やがて落葉樹林内には，暗く，閉ざされた長い夏がやってくる。その林床で，キバナノアマナはどのような姿で過ごしているのだろうか。ほかの多くの林床性多年草と同様に，この期間には鱗茎はほとんど新たな根をだすこともなく，じっと休眠状態で過ごす。そして10月半ばが過ぎて，そろそろ落葉樹林の上層の葉が色づき，落葉が始まりだす頃になると，まず活発な発根が始まり，鱗茎のなかでは来たるべき次の季節への準備が開始される。やがて，鱗茎内では葉と花茎の原基の形成が始まる。そして，冷たく暗い冬をこの状態で過ごす。

### 招かれざる客とキバナノアマナのお付き合い

*Uromyces erythronii* Pass は，カタクリとアマナに寄生するサビ菌の一種としてよく知られる。この菌は，キバナノアマナにも寄生する。キバナノアマナの花が咲く少し前に，寄生宿主の葉の裏，または葉柄に濃黄色の精子器と淡い黄色のサビ胞子器をつくる。盃状のサビ胞子器でつくられたサビ胞子はすぐ発芽して，キバナノアマナの気孔から葉の組織中へ侵入する。やがて，花の終わる頃には黒褐色の小さな斑点の冬胞子堆を葉の表面に無数に形成する。そしてこの冬胞子が完成する頃には，キバナノアマナの地上部は枯死してしまう。やがて，細胞壁の厚い冬胞子より地中で形成された前菌糸体には担子胞子が形成され，再びキバナノアマナが翌春，伸長成長する際に葉の裏や葉柄にとりつき，寄生する。この非常に複雑な感染経路は，福田達男氏の極めて忍耐強い観察によって，カタクリで突きとめられたのである(原沢，1968；Fukuda and Nakamura, 1987)。

サビ菌類は一般に宿主に対して種特異性が強いことが知られている。カタクリとヒロハノアマナ，アマナとキバナノアマナなどの異なる複数の〝春植物〟の種に特異的に寄生するという，この一方的な依存関係は，いったいどのようにして誕生したのであろうか。興味はいろいろとあって，尽きない。

### 生活史の特徴

多回繁殖型多年草：
polycarpic perennial

キバナノアマナは，多回繁殖型多年草である。種子から発芽したばかりの実生個体は，細い糸状の葉をつける。翌年からは徐々に葉の幅や長さ，地下の鱗茎の大きさが増大し，経年成長を繰り返すなかで，しだいに植物体が大きくなっていく。花を咲かせない1枚葉の無性段階は数年以上続き，実生から開花までにはやはり最低数年の年月が必要と考えられるが，正確な年数はまだわかっていない。

### 有性繁殖の仕組み：交配システムと送粉システム

コハナバチ：*Halictidae* sp.
セイヨウミツバチ：
*Apis mellifera*
ヒラタアブ：*Syrphini* sp.
ビロウドツリアブ：
*Bombylius major*

キバナノアマナは活発な有性繁殖で形成した種子により，次世代の担い手を残す。キバナノアマナは自家和合性であるが，自動自家受粉は起きにくい。受粉と，その後の種子生産には昆虫の訪花が不可欠である。コハナバチの仲間，セイヨウミツバチ，ヒラタアブ，ビロウドツリアブなどの訪花が観察されている。そのなかにあって，最も貢献しているのはコハナバチで，早い時期にはハナアブ類とセイヨウミツバチも，頻度は低いが，確実に受粉に役立っている。しかし，ビロウドツリアブは，直接花の上には着地しないので，送

粉にあまり寄与していない(Nishikawa, 1998)。このように，キバナノアマナはほかの"春植物"よりもまっ先に春の明るい光を利用できるというメリットをもつ反面，早春の林床環境は不安定である。晴れた日には気温が上昇し，虫たちの活発な訪花も期待できるものの，曇りや雨の日や一転冬を思わせる低温の日には虫たちの活動は低下するばかりか，花も閉じてしまうので種子をつくることができなくなる。

また，花序内で終わり頃に咲く花は，結実に完全に失敗する場合が多い。2000年のデータでは，6花をつけた51個体中1個以上結実したのは9個体のみであった(Nishikawa, 2000)。

それでは，キバナノアマナは，このような春の不安定な環境条件下でどのようにして種子をつくっているのだろうか。キバナノアマナは散形花序に複数の花をつけ，1～3日の間隔をおいて順次開花させる。この開花時期の異なる花のサイズ，生産種子数の上限値である胚珠数を調べてみると，開花の遅い花ほど花が小さく，胚珠数も減少する傾向がみられ，さらには，年変動はあるものの結実率も低下する傾向がある。"春植物"の繁殖可能な期間は短く，終わりの時期は林冠の閉鎖とともに光が届かなくなり地上部が枯れる。したがって，開花が遅い花は，結実の失敗の危険性が高いために，そのような花への資源配分を抑えるような方向で淘汰圧がかかったためと考えられている(Nishikawa, 1998)。

結実率：seed-set

種子生産の母体であり，また生産種子数の上限値を決定づける胚珠数は，開花の順によって異なり，初めに咲く花では1花当たり平均39個，終わりに咲く花では平均25個と少ない。開花から約1カ月後に結実期を迎えるが，初めに咲く花では花当たりにできる種子は平均18個，終わりに咲く花では平均でわずか1個と非常に少なくなる。個体当たりでは，花の数によって異なるが，平均4(1花)～90個(10花)の種子を生産する。したがって，胚珠の花当たりの平均結実率を調べてみると，初めに咲く花では44%，終わりに咲く花では，わずか平均2%が結実に貢献していることがわかった。個体当たりでは，胚珠の12～29%，平均23%が種子生産に寄与しているにすぎない。

果実はさく果で，やや球形で3稜ある。種子は狭倒卵形でやや扁平，半透明の付属体をつけており，アリによって運ばれることもある。しかし，その散布される頻度，距離など，くわしいことはまだわかっていない。

キバナノアマナの繁殖生態に関しては，まだよくわかっていない点も多い。種子生産についてみると，ごく限られた種類の花粉の運び屋(ハナバチの仲間)のみに依存していることや，開花期後半では極端に胚珠当たりの稔実率が低下(わずか2%)している事実をみると，結実期後半における資源の制限も種子生産数の低下の原因となっている可能性が高い(Nishikawa, 1998；西川，2000)。

稔実率：fecundity

## 染色体数と核型

日本産のキバナノアマナに関しては，Sakamura and Stow(1926)，Matsuura and Suto(1935)，Sato(1936)らによる古典的な研究がある。染色体数は$2n=72$で，基本数が$X=12$であるとすると6倍体ということになる。ヨーロッパ産のキバナノアマナに関してはGeitler(1949)，Heyn and Dafni(1971)，Sopova et al.(1984)による研究がある。同じく$2n=72$の染色体数が記録されている。核型は不明である。

## キバナノアマナの仲間とその分布

キバナノアマナ属には，ユーラシア大陸に約90種が知られている。ヨーロッパ，とく

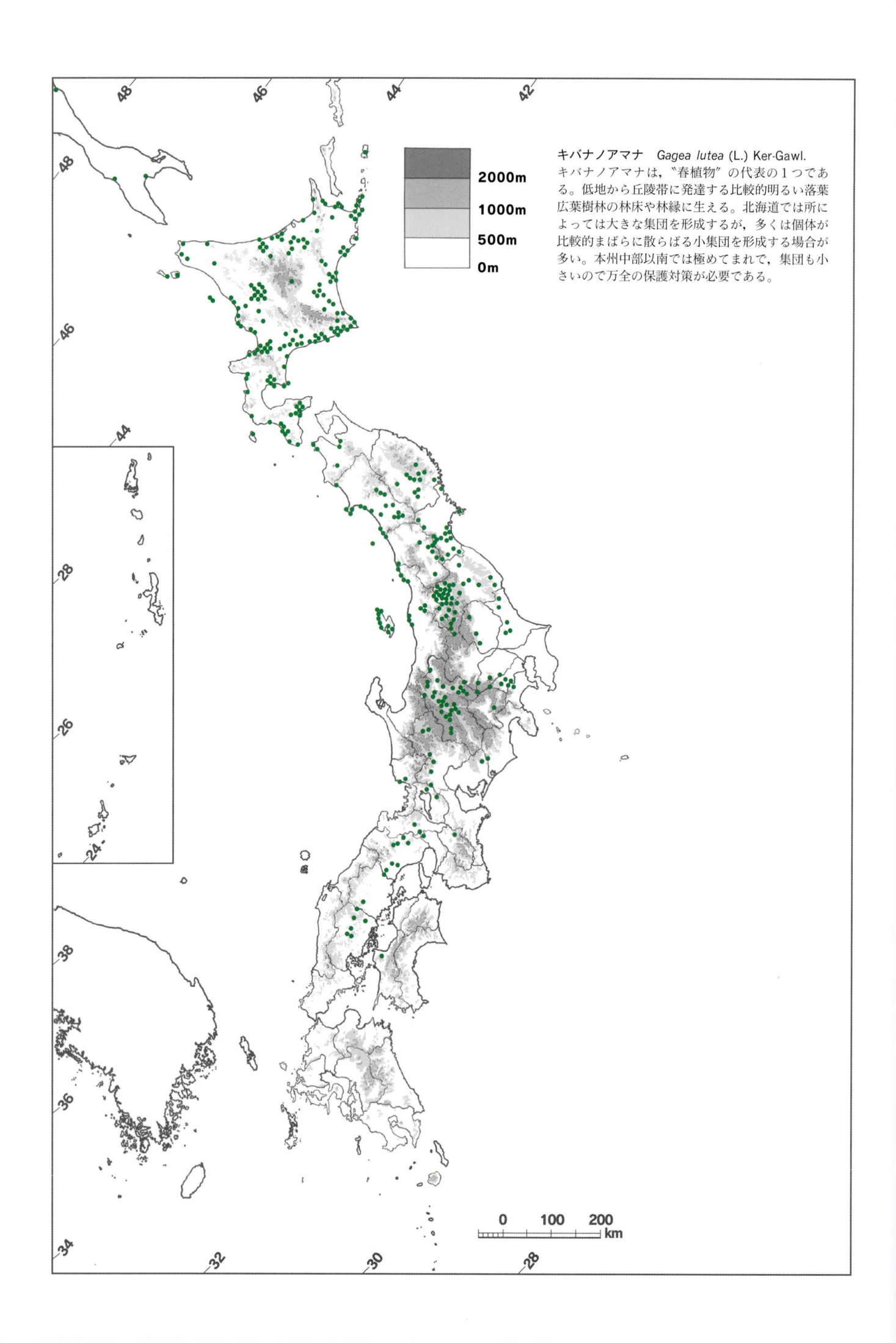

**キバナノアマナ** *Gagea lutea* (L.) Ker-Gawl.

キバナノアマナは，"春植物"の代表の1つである。低地から丘陵帯に発達する比較的明るい落葉広葉樹林の林床や林縁に生える。北海道では所によっては大きな集団を形成するが，多くは個体が比較的まばらに散らばる小集団を形成する場合が多い。本州中部以南では極めてまれで，集団も小さいので万全の保護対策が必要である。

に地中海沿岸に種類が多い。日本にはキバナノアマナとヒメアマナ G. japonica Pascher の2種が分布する。ヒメアマナは本州固有で，河川ぞいの草原などにごくまれに生育する。鱗茎は黒褐色の外皮に覆われ，広卵形で，長さは約8mm。根出葉は線形で幅約2mm，先は鈍く尖り平滑である。花茎は高さ5〜15cm，キバナノアマナ同様，2枚の苞をともなう散形花序に花を多数咲かせる。花被片は狭長楕円形，長さは7〜9mmで，球形のさく果をつける。

アマナ Amana edulis (Miq.) Honda とは別属であるが，キバナノアマナがアマナに似た花を咲かせることよりこの名がつけられた。しかし，2枚の大きな苞をともなう散形花序に数多くの花を咲かせる形態からみても，アマナ属とは明らかに異なっている。

## キバナノアマナ属の系統的位置は，どこまでわかっているのだろうか

さて，キバナノアマナ属，アマナ属を含む，ユリ科(狭義)の系統的位置は，どの程度明らかになっているのだろうか。ユリ科(狭義)に含まれる植物群を属のレベルで調べてみると，ユリ属(110種)，ウバユリ属(3種)，バイモ属(100種)，*Nomocharis* 属(13種)，*Notholirion* 属(4種)，カタクリ属(29種)，キバナノアマナ属(90種)，アマナ属(2種)，チシマアマナ属(18種)，チューリップ属(60〜100種)の10属が知られている(Dahlgren et al., 1985; Chase et al., 1995)。

近年，分子系統学的な研究の急速な進歩は，科，属，種レベルの系統的位置や分類学的帰属に関して，多くの新たな知見を私たちにもたらしつつある。たとえば，葉緑体ゲノムの構成遺伝子，*rbcL* 遺伝子や *matK* 遺伝子の塩基配列に関する研究が進められるなかで，ユリ科植物の各属の系統的位置についても，新たな事実がもたらされつつある(Hayashi and Kawano, 2000)。*matK* 遺伝子の塩基配列が明らかにされるなかで，欠失，挿入が数多くあり，その部位，塩基対の数などの違いが属のレベルの系統的位置を正確に知るうえで，非常に役立つ情報をもたらしてくれることが明らかとなりつつある。ここで取りあげたキバナノアマナ属は，アマナ属，カタクリ属，チューリップ属に極めて近縁な位置を占めている。

## 自然保護上留意すべき点

日本列島における分布域の北限にあたる北海道では，雪解け間もない早春の落葉樹林内へ歩を進めると，あちこちでキバナノアマナの黄金色の花に遭遇する。しかし，本州北部から中部，とりわけ関東地方へ来ると，かつてはキバナノアマナの生育地であった落葉樹林の多くは伐採されたり，いわゆる里山利用ですっかり改変され，キバナノアマナの生育地はめっきりと少なくなってしまった。地域によっては，県ごとに絶滅危惧リストに掲載されている所もある。

生育環境である落葉樹林は，里山としての永年にわたる利用から，本来あるべき林床環境を喪失している所が多いが，キバナノアマナの生育地の直接的な保護・保全はもとより，送粉者である昆虫たちの生息の場も確保してやらねばならない。

# Life History Characteristics of
# *Gagea lutea* (L.) Ker-Gawl. (Liliaceae)

Syn. *Ornithogalum luteum* L.

*Gagea lutea* is a representative member of the "spring plants" in the northern temperate forests with a broad geographical range extending from Europe to the Japanese Islands across eastern Siberia and China. This species represents one of the most early blooming spring plants together with *Adonis ramosa* and *Corydalis fumariifolia* subsp. *azurea*, blooming immediately after snowmelt in Hokkaido and northern Honshu. In early to mid-April, *G. lutea* starts to appear above ground, and its flowers often cover a large area on the woodland floor. The number of plants often reaches 350 - 860 per m$^2$, but flowering individuals number, at most, 30, and the remaining individuals are all sterile with a single broad-linear radical leaf (Takahashi and Tani, 1997). Leaves are covered with soft hairs right after sprouting, but become glabrous a couple of weeks later. Mature plants with a single scape, 15 - 22 cm in height, bear several flowers in the umbel formed at the top of the scape, with two lanceolate bracts at the base of the inflorescence. A single broad radical leaf, 15 - 35 cm long and 5 - 22 mm wide, is borne from the base of the scape, slightly embracing at its base.

This species is a typical polycarpic perennial. It produces 1 to 10 (or rarely, 15) flowers, each ovary having 12 to 15 ovules. The total number of ovules produced per plant varies from 24 to 39 on average (Nishikawa, 1998, 1999). At the end of April to mid-May, somewhat round capsules are borne in the umbel, each loculus containing somewhat round, ca. 2.5 mm, yellowish-brown seeds. The number of seeds borne in early blooming flowers reaches an average of 18, but late blooming flowers produce only one or fewer seeds due to a limited supply of photosynthate for fertilized ovules.

*Gagea lutea* is a typical insect-pollinated species, and cross-pollination is more effective for seed production. Major pollinators observed in the suburb of Sapporo, Hokkaido, are as follows: *Bombus* spp., *Eristalomya tenax*, *Apis mellifera*, *Episyrphus* sp., *Bombylius major*, etc. (Nishikawa, 2000). Reproductive success for typical spring plants such as *G. lutea* is strongly dependent upon the weather conditions in the prevernal period. On fine days, many insects visit the flowers of *G. lutea*, but on cold, cloudy or rainy days insect visitors are limited and flowers are possibly closed, so that the fecundity level is considerably lowered. It is interesting to see that in *G. lutea*, earlier blooming flowers tend to have more numerous ovules; for example, the mean number ovules produced in early blooming flowers is 39 per flower; in contrast, that produced in late blooming flowers is much lower, i.e., 24 per flower. Reflecting such differences and also decrease of flower visiting insects, the mean number of mature seeds produced in early blooming flowers is 18, but that of late blooming flowers is drastically lower, only one on average.

*Gagea lutea* is known to have 2n=72 chromosomes, possibly hexaploid (X=12) (Sakamura and Stow, 1926; Matsuura and Suto, 1935; Sato, 1936; Sopova et al., 1984). On the Eurasian continent, more than 90 species are known, but in Japan only two species, *G. lutea* and *G. japonica*, are known.

# ウバユリ（ユリ科）

*Cardiocrinum cordatum* (Thunb.) Makino (Liliaceae)

Syn. *Hemerocallis cordata* Thunb.; *Lilium cordatum* (Thunb.) Koidz.; *Lilium cordatum* Thunb.; *Lilium cordifolium* Thunb.; *Cardiocrinum cordatum* (Thunb.) Makino var. *glehni* (Fr. Schm.) Hara; *Lilium glehni* Fr. Schm.; *Lillum cordatum* Thunb. var. *glehni* (Fr. Schm.) Woodcock

　和名，ウバユリ（姥百合）の由来は，開花期には葉がぼろぼろに枯れているところから，老婆の歯（葉）が欠けていることになぞらえて命名されたといわれる。林床性のユリとしてはめずらしく，開花時には極めて植物体が大型で，時には2mにも達する。

## 地理的・生態的分布

　北海道，本州，四国，九州，サハリン，南千島の主として落葉樹林の林床に分布する。分布域の中北部にあたるサハリン，南千島，北海道から本州の日本海沿岸地域のものは，草丈が1.5mから時として2mに達する個体が多く，変種オオウバユリ var. *glehni* (Fr. Schm.) Hara として区別されることもある。しかし日本列島に分布するマイヅルソウ，ツクバネソウなどのように，ウバユリの北方集団（主として日本海沿岸地域）は花数も多く大型の葉をつける個体から，南方集団（太平洋沿岸地域）の少数花をつける小型個体へと連続的変異を示す，いわゆる地理的クライン（勾配）の典型的な事例である（Kawano et al., 1968；河野ほか，1980）。

　すなわち，北海道，東北地方，北陸地方の集団と，分布の最南端に近い九州を含む西南日本の集団では，植物体の大きさのみならず，開花の特徴，筒状花の大きさと形，苞葉の数，形，つき方などにも差違が認められ，上述のように北方型は変種オオウバユリとして区別されてきた。しかしこれら相違は，北海道および東北地方などの北方集団のオオウバユリと，九州および中国地方の南方集団のウバユリでの比較であり，本州中部の福井県，滋賀県などの日本海気候から太平洋気候への推移帯の集団では，上に述べた形態的差違は明瞭ではなく，その区別はやや難しい。したがって，ここでは変種として区別せず，同一種内の地理的変異として取り扱う（古池，1981）。

## フェノロジーと野外集団の構造

　ウバユリは，日本列島における典型的な温帯性落葉広葉樹林の林床植物の一種である。カタクリなどの典型的な〝春植物″と比較すると少し後発グループにはいる。本州中部では3月下旬，北海道では4月中旬以降，落葉樹林の林冠が展葉を開始し，その暗い陰を少しずつ落とし始める頃，葉を展開し始める。しかし，一度葉の展開が始まると成長は非常に早く，幅15cm，長さ20cm以上に達する数枚の大きな根出葉を地面いっぱいに広げる。葉には光沢があり，しばしば葉脈には赤みがかった色彩があって，きわだってめだつ。やや耐陰性があるので，林床がかなり暗くなった7月中旬頃まで地上葉を広げる。光合成曲線を見ると，上層の林冠が完全に展葉を終えるまでは，初めは強い光をうまく同化できる陽葉型の光合成をするが，やがて5月中旬以降，林床が急速に暗くなり始めると光補償点も光飽和点も下がり，陰葉型の光-光合成曲線を示すようになる。林床で急速に低下する光環境にみごとに適応した機能を有することがわかる（Kawano et al., 1978）。

　ロゼット型の葉を数枚つける大型個体は，森林の下層においてもめだつが，よく注意して見るとその周辺には，1枚の葉をつけたウバユリの幼植物個体が多数生育しているのに気づく。そのなかにあっても，実生の葉は狭披針形で，しばしばまとまって生えているが，それがウバユリの実生であるとはすぐには気づかない。これらの幼植物の季節消長を追跡してみると，その多くは，上層の林冠層が完全に展葉を終える7月上旬以降は地上からまったく姿を消し，地下に形成した鱗茎で夏から晩秋の11月頃までを休眠状態で過ごす。

春植物：spring plant, spring ephemeral

ロゼット葉：中心にある短い茎から葉が放射状に配列し，全体としては平たい円盤状の形となったもの

**ウバユリ** *Cardiocrinum cordatum* (Thunb.) Makino（ユリ科）

1・3：開花個体いろいろ（flowering individuals），2・6：結実期（fruiting stage），4：訪花昆虫（トラマルハナバチ）（*Bombus diversus diversus*: pollinator），5：実生（seedlings），7・8：さまざまな発育段階の幼植物（various juvenile plants），9・10：鱗茎と娘鱗茎（ラメット）（main bulbs, bulblets-ramets），11・12：さく果と種子（capsule, seeds）。写真撮影　1：堀井雄治郎，2・11・12：田中　肇，3・4・7〜10：河野昭一，5：増田準三，6：長井幸雄

ウバユリ　*Cardiocrinum cordatum* (Thunb.) Makino (ユリ科)

F：花(flower)，In-f：花序(結実期)(inflorescence at the fruiting stage)，Cp：さく果(capsule)，Sd：種子(seed)，S：実生(seedling)，J($J_1$〜$J_5$)：幼植物(juveniles)，Bl：鱗茎(拡大)(bulb, enlarged)，Fl：開花個体(flowering ind.)，R：娘鱗茎(ラメット)(bulblet, ramet)，○ → × → △：娘鱗茎(またはラメット)が分離，独立する経路(processes of bulblet (ramet) separation)

しかし厳しい冬にさしかかる前には，さまざまなサイズの鱗茎個体は，いずれも発根を開始し，翌シーズンの地上部への成長開始にそなえている。

## 経年成長のパターンと生活史の特徴

1回繁殖型多年草：monocarpic perennial

　ウバユリは，典型的な1回繁殖型多年草である(Kawano, 1975)。種子から芽生えた1年目の実生は，発達した葉柄の先端に狭長披針形の葉身をつけるが，2年目にはいると披針形となり，基部がややまるく，葉の先端は鋭突頭となる。やがて経年成長を繰り返すなかで，葉のサイズが大きくなると同時に，しだいに卵状心形となる。そして数年経過すると，地上に展開する葉は2枚，3枚とその数が増えていく。鱗片は，葉1枚ごとに形成されるので，その数もしだいに増えていく。数枚の大型の葉を形成する段階に到達すると，鱗茎は急速に大きくなり，6～8年間の前繁殖期間の後に，中心部に形成された原基より，地上に(0.7)1.5～2 mに達する大型の花茎が形成される。

　開花段階の個体では，花茎の中部に地上40～60 cmの位置に大型の葉が偽輪生状に数枚形成される。成熟個体は通常7～8月にはいると，大型の総状花序に緑白色で長さ12～18 cmの花が，2～10数個横向きに咲く。花被片は，やや不整形で開花段階ではいびつな形をしている。果実は楕円形で長さ4～5 cm，斜上する果柄の先端につき，初め緑色であるが，熟すると褐色となり，やがて縦に割ける。種子は4～5 mmで，扁平な灰白色の翼をもつ。個体当たりの種子数は，本州太平洋側の集団では180～960個(平均452個前後)，花を数多くつける北方の集団ではその数が多く，320～5,630個(平均2,120個前後)と，4倍ほどの違いがある(Kawano, 1975)。

ラメット，栄養繁殖体：ramet

　ウバユリは，このように林床に生える多年草としては極めてまれな風散布型の種子を多数生産するにもかかわらず，一方で娘鱗茎(栄養繁殖体，ラメット)形成による栄養繁殖でも個体を殖やす。地上葉を数枚形成し，地下の鱗茎内に貯蔵物質が多量に蓄えられるようになると，娘鱗茎を2～3個形成するようになる。やがて花茎をあげ開花・結実すると，その母鱗茎は完全にその貯蔵物質を消耗し尽くし枯死する。しかし茎の基部には2～4個，時には8個の娘鱗茎が形成され，枯死した母植物の周縁部にそれぞれ独立し，次世代の担い手となる。これらの娘鱗茎由来の個体の生残率は非常に高く，次シーズンへの後継個体補充の重要な役割を果たしている。

## ウバユリの物質経済

　個体のつくる葉の大きさ，すなわち葉面積と個体の乾物重とのあいだには，当然のことながら密接な関係がある。種子から発芽した実生と最後の年である開花個体の段階を除いた根出葉をつける段階では，葉が1枚の段階からその後の複数葉の個体については，葉面積と個体の乾物重とのあいだには，決定係数が$R^2=0.993$という強い正の相関が認められる。この結果は，葉面積ならびに葉数が成長の重要な指標となることを示している。また1葉段階個体において各器官への同化産物の分配率を調べてみると，葉身，葉柄，鱗茎，根の各器官への配分は，成長段階を通じて一定ではなく，実生から1葉段階，1葉段階から複数葉段階へと外部形態の変化に応じてその分配率が大きく変化していく。ちなみに，1葉段階では地下器官への分配率が高いのに対し，複数葉段階では，葉を支える葉柄への分配が高くなっていく。開花個体における花数と，草丈および地ぎわ直径の関係についても，ウバユリは1回繁殖型であるため開花後の母植物は結実後枯死するが，花数はやはり個体サイズと密接に関連していることが確かめられている(Kawano, 1975；河野，未発表)。

物質(乾物)経済からみた個体の生産量全体のうち，種子への投資率は13(15.8)～15(21.4)％(カッコ内の数字は，さく果への投資率を合計したもの)に達し，ほかの多回繁殖型の林床性多年草に比べると2～数倍大きい。また，開花個体または開花直前のロゼット葉の大型個体は，花茎または鱗茎の基部に娘鱗茎(ラメット)を2～4個形成するが，ラメットへの投資は3～7％で，有性繁殖への投資率と合計すると18.8～28.4％となる。さらに花茎への同化産物の配分率を加算すると，70～80％という多年草としては例外的に高い数値を示し，1回繁殖型の特徴が極めてよく表われている。親個体が，次世代個体を生みだすために配分する生産物質(エネルギー)の数値としては，正に一年草並に高い。

### 有性繁殖の仕組み：交配システムと送粉システム

　ウバユリは1つの花が，約5日の開花期間を保つ。典型的な虫媒花で，開花時には，花筒の奥に位置する雌しべの基部から花蜜を分泌する。主としてハナバチのような大型のハチの仲間，ミヤママルハナバチ，エゾオオマルハナバチなど，学習能力の高い社会性昆虫が吸蜜に訪花した折に体に花粉が付着し，送粉に大きく貢献している(岡安, 1999)。

　3室よりなる子房の各室には200～223個の胚珠がつくられ，1花当たり600～670個前後の多数の胚珠が形成される。したがって，もしこれだけの数の胚珠がすべて受粉・受精して成熟した種子を形成すると，個体当たりで数千個に及ぶ膨大な数の種子ができることになる。胚珠当たりの平均結実率を調べてみると，65～80％と極めて高い。しかし，除雄処理でも平均86％の結実率が得られ，自然条件下とほぼかわらない。送粉者による他個体からの花粉の運搬による他家受粉がかなり効果的であることがわかる。自然条件下で調べたところ，1個のさく果当たり393～531個，平均で410個前後の種子が形成されている。より詳細にみると，1つのさく果中に670個の胚珠が形成されているが，そのうち完熟種子は531個，"しいな"が139個で稔実率は79.3％と非常に高い場合もあるが，603個の胚珠中，完熟種子が393個，"しいな"は210個で稔実率は65.2％しかない場合もある。送粉者によって，十分な数の花粉が運搬されていないのか，すべての受精卵を完熟させるための資源の供給が十分でないのかは，今のところ定かではない。しかし，自家不和合性によって種子形成が制限を受けているのではなく，花の構造，資源の供給量，さらに大型の社会性昆虫の体制や行動習性や花粉の運搬効率などによって，個体のみならず，集団全体の種子生産力も左右されている可能性が高いことがわかる。

### 種子散布の仕組みと娘鱗茎の役割

　ウバユリは，2～15個の花を咲かせる。花は1個平均410個前後の種子をつくるので，個体当たりでは800～6,000個あまりの種子ができることになる。大きさは4～5mmで，扁平な灰白色の翼をもち，林床植物にはめずらしい典型的な風散布型である。しかし，その生育地は主として森林の林床にあるので，種子の分散範囲はさほど広くはない。また定着後，発芽した幼植物個体の生残率も必ずしも大きくないので，有性繁殖による次世代個体の供給効率がさほど高いとはいえない。したがって，大型のロゼット個体や，開花段階の個体が栄養繁殖で供給され生存率の高い娘鱗茎(ラメット)は，遺伝的には親と同一ではあるが，野外集団維持に対する寄与は極めて効果的であるとみなさねばならない。

### 野外集団の発育段階からみたサイズ構造

　さて，ウバユリは有性繁殖による種子形成と，娘鱗茎(ラメット)形成による栄養繁殖の

---

ミヤママルハナバチ：*Bombus honshuensis*
エゾオオマルハナバチ：*Bombus hypocrita sapporoensis*

結実率：seed-set

稔実率：fecundity

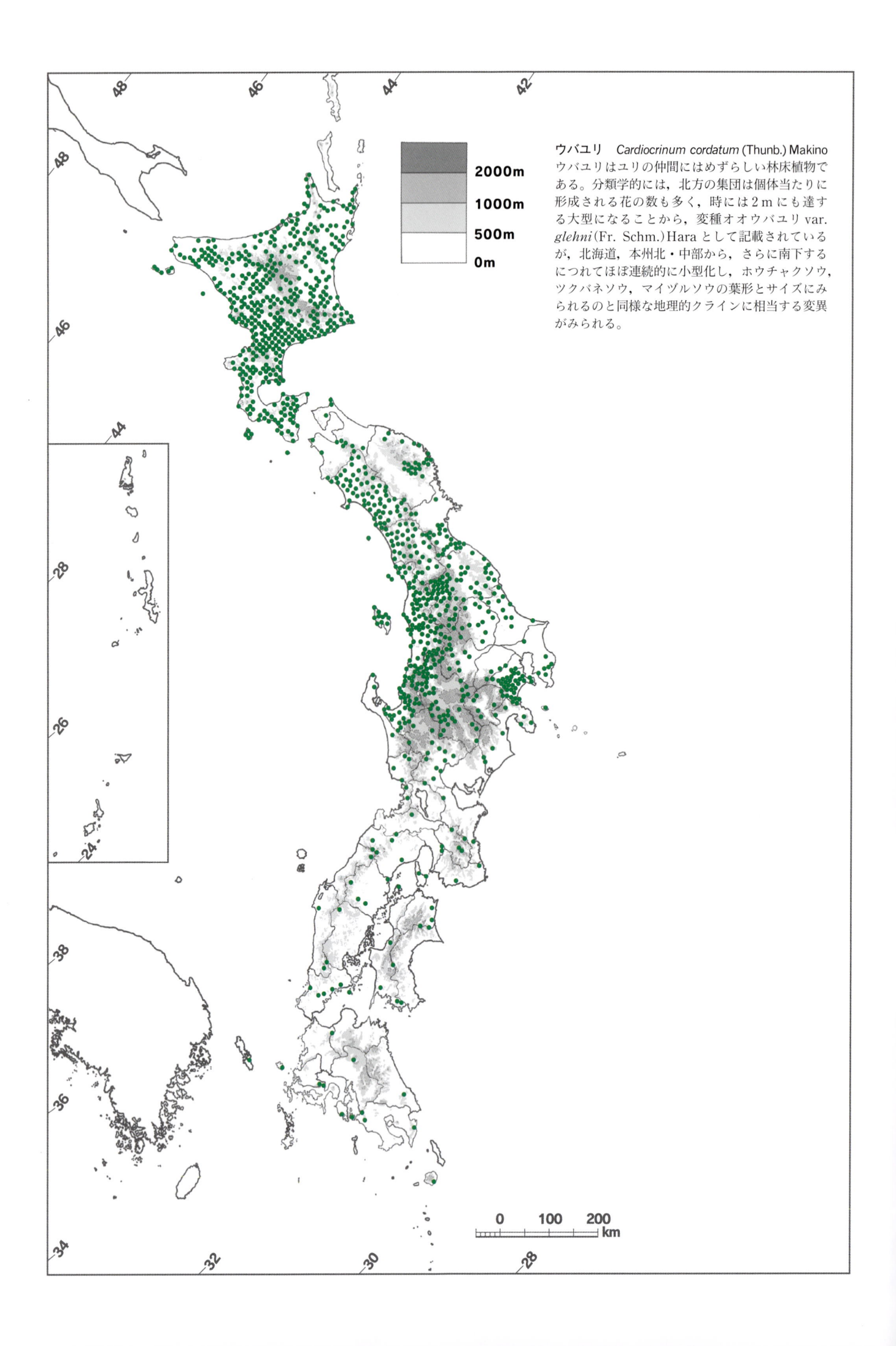

ウバユリ　*Cardiocrinum cordatum* (Thunb.) Makino
ウバユリはユリの仲間にはめずらしい林床植物である。分類学的には，北方の集団は個体当たりに形成される花の数も多く，時には2mにも達する大型になることから，変種オオウバユリ var. *glehni* (Fr. Schm.) Hara として記載されているが，北海道，本州北・中部から，さらに南下するにつれてほぼ連続的に小型化し，ホウチャクソウ，ツクバネソウ，マイヅルソウの葉形とサイズにみられるのと同様な地理的クラインに相当する変異がみられる。

2つの繁殖システムによって次世代個体の維持をはかっていることが明らかになってきた。それでは，野外集団はどのような構造を維持しているだろうか。

野外集団において5m×10mのプロットを設営し，そのなかに生育するウバユリのさまざまなサイズ個体の集団構造を調べてみる。成長段階初期，とくに実生から小さな1葉個体への個体数の減少は顕著で，種子から芽生えた実生段階における死亡率は極めて高いことがわかる。しかし，その後発育段階の進行にともなう個体数の減少は，やや緩やかで，漸減する様相を示している。にもかかわらず，集団内における開花個体の絶対数は極めて少ない(Kawano, 1975)。

開花個体(25個体)の地ぎわから葉をだしている娘鱗茎(ラメット)のサイズ分布をみると，娘鱗茎の多くはおもに1Lの後半段階から2L，3Lクラスの個体が多く，開花段階への道のりはかなり長いことがよくわかる。しかし娘鱗茎(ラメット)は種子に比べて，初期個体サイズが大きく，死亡率が低い。種子のような内生的休眠に欠け，環境が好適となればただちに成長を開始できるなど，いくつかの利点が知られている。同様な事例は，北米の河川の氾濫原に生育するエンレイソウ属植物においても，洪水による撹乱に対する適応として栄養繁殖が分化していることが知られている(Ohara and Utech, 1986)。ウバユリでは，翼のある風散布型の種子によって，その分布域の拡張を確保する一方で，栄養繁殖による新たな独立した個体の確保は，死亡率の高い種子由来の幼植物個体の補充をする役割を果たしているのであろう。

ジェネット：genet

### 染色体数と核型

オオウバユリの染色体数は，$2n=24$ でその核型は $K(2n)=24=4V+20I$ (Sato, 1932; Sansome and La Cour, 1934)，$K(2n)=24=2V+2V_{cs}+4j+4j_{cs}+6I+2i+2i_{cs}+2h$ である(Noguchi and Kawano, 1974)。基本数はユリ属 *Lilium* と同じ $X=12$ である。

### ウバユリ属の仲間とその分布

ウバユリ属には，日本産のウバユリ *Cardiocrinum cordatum* (Thunb.) Makino を含む3種が知られている。中国の *C. cathayanum* (E. H. Wilson) Stearn と，ヒマラヤの *C. giganteum* (Wallich) Makino である。いずれも，草丈が1m以上に達する大型の1回繁殖型多年草である。*C. giganteum* には var. *giganteum* と var. *yunnanense* (Leichtlin ex Elwess) Stearn の2変種が区別されているが，前者はその名のとおり植物体は大型で，1.5～3mに達し，花被片の内側には赤紫色の筋があり，花数も多く，花は斜下ないしは横向きに咲く。後者は，植物体はやや小型で1～2m，花は白色で花被片の内側に赤紫色の筋がある。*C. cathayanum* は，花数が少なく，花は斜上ないしは横向きに咲く。ちょうどオオウバユリとウバユリの関係に似ている。

### 自然保護上留意すべき点

開花段階のウバユリは高さ1～2mに達し，林床性草本植物としてはめずらしく大型植物である。しかし，自然集団における次世代個体の担い手の形成過程をみると，典型的なハナバチ型の送粉様式をもち，翼をそなえた風散布型種子から芽生えた小型の幼植物と，一定の臨界サイズに達した大型ロゼット型個体，開花段階の個体が形成する娘鱗茎に依存している。森林という，まとまりのある生活空間の保全が，極めて大切である。

# Life History Characteristics of *Cardiocrinum cordatum* (Thunb.) Makino (Liliaceae)

Syn. *Hemerocallis cordata* Thunb.; *Lilium cordatum* (Thunb.) Koidz.; *Lilium cordatum* Thunb.; *Lilium cordifolium* Thunb.; *Cardiocrinum cordatum* (Thunb.) Makino var. *glehni* (Fr. Schm.) Hara; *Lilium glehni* Fr. Schm.; *Lilium cordatum* Thunb. var. *glehni* (Fr. Schm.) Woodcock

*Cardiocrinum cordatum* s. lat. (including var. *glehni*) is a typical monocarpic perennial, which represents one of the most unique life history strategies found in temperate woodland environments. The geographical range of *C. cordatum* extends from Sakhalin, southern Kuriles, south to Hokkaido, Honshu, Shikoku and Kyushu of the Japanese islands. This species shows a typical geocline in plant size, number of flowers per plant, manner of flowering, and flower size and shape. The northern populations, especially in Sakhalin, Kuriles, Hokkaido, and especially on the Japan Sea side of Honshu, are characterized by taller, more robust plants, attaining 1.5 to 2 m in height with larger leaves, and bearing more numerous, larger flowers, as compared with those in the Pacific side of Honshu, Shikoku and Kyushu, and thus are referred to a local variety, var. *glehni*.

*Cardiocrinum cordatum* starts to extend aerial shoots in mid- to late April, almost simultaneously with the canopy foliage expansion. Non-flowering plants of the single-leaf stage consist of several size-classes, including seedlings with a narrow lanceolate leaf, and juveniles with a narrow-ovate or ovate leaf. A switch takes place from the single-leaf stage to the two-leaf and/or three-leaf stages, and then to the non-flowering rosette plant stage after several seasons' growth, for at least several years. Mature plants bear several large cordate cauline leaves, and 2 to 15 laterally blooming, greenish-white flowers, 12 - 18 cm in size, are borne at the top of the straight inflorescence. Flowering occurs in early summer, when the canopy foliage layer is fully expanded, casting heavy shade on the forest floor.

The representative pollinators for *C. cordatum* are known to be large bumblebees, such as *Bombus* and *Xylocopa*. An exceedingly large number of seeds with 4 - 5 mm, thin filmy wings is produced, often attaining several thousands (800 - 6,000) in number per plant. Such anemochores are not very common among woodland herbs. The survival rates of seedlings are obviously low, and it takes several years at least to reach the sexually mature stage; thus, the several daughter bulbs formed after the flowering of mature plants has ceased will often be important successors for a local population for a certain period of time. Monocarpic perennials are not common on the climax temperate forest floor, but *Cardiocrinum* is a representative of such a peculiar life history strategy, evolved in the Lily family.

The chromosome numbers of *C. cordatum* are 2n=24, with the karyotype of $K(2n)=24=4V+20I$ (Sato, 1932; Sansome and La Cour, 1934), or $K(2n)=24=2V+2V_{cs}+4j+4j_{cs}+6I+2i+2i_{cs}+2h$ (Noguchi and Kawano, 1974).

## オオバナノエンレイソウ(エンレイソウ科)

*Trillium camschatcense* Ker-Gawl. (Trilliaceae)

Syn. *Trillium kamtschaticum* Pallas; *Trillium pallasii* Hultén; *Trillium obovatum* Kunth; *Trillium erectum* L. var. *japonicum* A. Gray

　北国の春を象徴する"花"の代表がオオバナノエンレイソウである。明るい落葉樹林の林床をまばゆいばかりに飾る純白の花，また花，正にこれから到来する花の季節を飾るにふさわしい。群生するオオバナノエンレイソウの大集団に遭遇すると，かつての北海道の雄大な自然の片鱗にふれた思いがして，豊かな気持ちになる。

### 地理的・生態的分布

　日本列島北部(北海道，本州北部：青森県，岩手県，秋田県)，サハリン，千島列島，カムチャツカ半島，朝鮮半島，中国東北部(満州)，ロシアのウスリー地方の低地平野部，丘陵帯の落葉樹林林床に生育する典型的な"春植物"である。まとまった広がりのある林床環境下では，数千個体からなる巨大な集団をしばしば構成することがある。しかしながら，分布の中心地でもあった北海道においても，低地平野部にかつては存在した広大な落葉広葉樹林が開発のため消失したので，昔日の面影をしのぶべくもない。

春植物：spring plant, spring ephemeral

### 地下での挙動とフェノロジー

　典型的な"春植物"の多くは，前年度の10～11月にはいると，まず根茎より活発な発根が始まる。幼植物個体の根茎では，少し遅れて葉芽が，また成熟個体では葉芽と花芽がほぼ同時に形成される。12月にはいると花芽の形成は終わり，雄しべ，雌しべでは花粉母細胞と胚のう母細胞の形成が始まり，減数分裂が開始され，花粉と胚のうの形成が終わる。これで翌シーズンの雪解けを待って間髪いれずに地上への展開の準備完了ということになる。北国の北海道でも，5月上旬には地上への展葉と開花はほぼ同時に始まる。開花期間は2週間程度で，結実期はやや長く，漿果(しょうか)のなかで種子が完熟するのは，7月にはいってからになるのが普通である。

### 生活史過程：開花までの道のり

　エンレイソウ属植物の開花個体は，いずれも3枚の花弁状の内花被片(種によっては内花被片を欠いているものもある)，3枚の外花被片，3枚の葉，3室の雌しべと，3が基本数となった構造をもつ。しかし，種子から発芽してしばらくは葉が1枚しかなく，とくに，発芽したばかりの実生は，長さ2cm程度の小さな披針形の葉を1枚つける。野外では，実生個体が開花個体の周囲に，しばしば多数まとまって生育しているのを見かける。このような実生では，地下部も小さくまだ葉柄の基部に根茎のもととなる小さなまるいふくらみと，それから1～2本の根がでているだけである。発芽して1年目の春は，この状態で過ごす。その翌年からは，やや幅の広い心形の1枚葉にかわり，この1葉段階は少なくとも4～5年のあいだ続くが，毎シーズンの光合成を通じて地下の根茎に貯蔵物質を蓄え，葉および個体サイズを徐々に大きくする。

　通常，樹木のような年輪をもたない多年草の年齢を正確に知ることは難しい。エンレイソウ属植物の場合，葉芽を内包した越冬芽は，鞘状葉で覆われ，葉柄あるいは花茎が伸びるたびに，毎年1つずつ鞘状葉の跡(縞)が根茎上に残される。したがって，この縞を数えることで，個体の年齢を読み取ることができる。その結果，少なくとも4～5年は1葉のまま過ごすことが確かめられた。しかし，いろいろな1枚葉個体を調べてみると，縞が10個ほどもある1葉個体も少なくない。複雑な環境が絡みあう野外条件下では，個体の成長は必ずしも一本道ではない，ということを物語っている。

　その後，成熟個体と同じく3枚の葉をつけるようになるが，開花までにはさらに4～5

オオバナノエンレイソウ　*Trillium camschatcense* Ker-Gawl.（エンレイソウ科）

1：大集団（a large population），2：開花個体（flowering individuals），3：蕾（bud），4：実生個体（a clump of seedlings），5：開花個体とさまざまな生育段階の幼植物（flowering and various juvenile plants），6：根茎と鞘状葉につつまれた翌年の花芽（rhizome and flower bud），7：結実期（fruiting stage），8：訪花昆虫（カミキリモドキ）（*Oedemeridae* sp.: pollinator），9：種子散布に寄与するヤマトアシナガアリ（*Aphaenogaster japonica*: dispersal agent）。写真撮影　1～9：大原　雅

オオバナノエンレイソウ　*Trillium camschatcense* Ker-Gawl.（エンレイソウ科）
F：花(flower)，B：漿果(berry)，Sd：種子(seed)，S：実生(seedling)，J($J_1$～$J_4$)：幼植物(1葉段階)(juveniles, single leaf stage)，J($J_5$～$J_8$)：幼植物(3葉段階)(juveniles, three-leaves stage)，Fl：開花個体(flowering ind.)

年が必要である。この頃になると根茎も大きく肥大するが，同時に根茎の古い先端部が朽ちて消失するため，正確な縞の読み取りが難しくなり，個体の年齢の正確な推定は困難になる。ようやく開花した個体は，初め花茎を1本しかつけないが，その後，経年成長を繰り返し，根茎内の貯蔵物質が増えるにともない，花茎を2本，3本と複数あげる個体がしだいに増えてくる。

　オオバナノエンレイソウの場合，種子は地下発芽型で，1年目は発根するが，2年目になり初めて小さな狭披針形の葉が地上に出現する。その後，仮に毎年順調な成長を続けたとしても，種子から開花までは優に10年以上の年数が必要となる。この開花までの長い道のりのあいだに，死亡する個体も多く，実生から開花段階まで生き残ることができるのは，ごく一部の個体ということになる。

　実際，野外集団がどのような構造を有しているかを知ることは，生活史過程の全体像を把握するうえで非常に大切である。試みに，北海道の野幌森林公園内においてオオバナノエンレイソウの集団内に2m×2mの方形プロットを設定し，実生個体，1枚葉段階の個体(葉面積より4クラスに区分)，3枚葉段階の無性個体(葉面積より4クラスに区分)，そして開花個体の空間分布とサイズ構成を調べてみた(Ohara and Kawano, 1986b)。14クラスに区分したサイズ構成からみると，オオバナノエンレイソウの単位面積内の開花個体数は40個体にも満たないが，7,000個以上の種子が形成され，その後年にはその10分1強の800個ほどの実生が発芽していることがわかる。このように，2m×2mという比較的限定された空間ではあるが，極めて多数の後代の担い手が生産されているにもかかわらず，その後，個体数は10数個体まで急速に減少し，やがて1葉段階から3葉の無性段階へと移行する。この事実は，少なくとも1葉段階から3葉段階の移行の数年間にかなり急激な個体数の減少が起こると同時に，成長の遅滞もあって発育相の異なる個体の重複が起こっていることがわかる。要するに，オオバナノエンレイソウは，1葉の単葉段階，3葉の無性段階，3葉の成熟段階と発育相が変化する経年成長の過程で個体数は減少していく。しかし，一度開花に到達した個体の生存率は非常に高く，その後，毎年安定した開花・結実を繰り返す典型的な多回繁殖型多年草である。

多回繁殖型多年草：
polycarpic perennial

### 有性繁殖の仕組み：交配システムと送粉システム

　オオバナノエンレイソウでは，ごくまれに根茎の一部が分割し独立個体となる場合もあるが，新たな個体の形成は，その大半が種子に依存している。オオバナノエンレイソウの場合，1花当たりの胚珠数は158〜341個(平均約225個)である。それに対して，6本の葯で生産される花粉数は$4.2〜5.7\times10^4$個である。交配システムの1つの指標である花粉数と胚珠数との比率(P/O比)をみると約2,200の値を示し，条件的他殖型の植物に該当する(Cruden, 1977)。

花粉(雄性配偶子)：pollen(P)
胚珠(雌性配偶子)：ovule(O)
P/O比：pollen : ovule ratio
ヒメフンバエ：
Scathophaga stercoraria
シマハナアブ：
Eristalis cerealis
クロハナケシキスイ：
Carpophilus chalybeus
カクアシヒラタケシキスイ：
Epuraea bergeri
ホソルリトビハムシ：
Aphthonalitica angustata
エゾオオマルハナバチ：
Bombus hypocrita sapporoensis

　開花期間はおおよそ1週間，この間に受粉・受精が行なわれる。北海道の日高・十勝地方のオオバナノエンレイソウ集団は，自家不和合性で他殖によってのみ種子形成を行なうが，道東，道北の地域集団では自殖による種子形成も知られ，自殖・他殖の両システムの働きが報告されている(Ohara et al., 1990)。

　送粉は主として昆虫によっている。野外で訪花昆虫を観察すると，双翅目(ハエ目)のヒメフンバエ，シマハナアブ，鞘翅目(コウチュウ目)のクロハナケシキスイ，カクアシヒラタケシキスイ，ホソルリトビハムシ，カミキリモドキなどのほか，低頻度ではあるがエゾオオマルハナバチのような大型の社会性昆虫の訪花も観察されている。

開花終了約2カ月後の7月に結実期を迎え，個体(花)当たり77〜189個(平均約146個)の種子を生産する。したがって，胚珠の平均約65%が結実することになる。

## 種子散布の仕組み

　種子が完熟する7月には，上層の樹木の葉は完全に展開し，明るかった林床もすっかり暗くなる。幼植物個体は姿を消し，開花個体の葉も黄色く枯れ，直立していた花梗も果実の重みで垂れ下がる。しばらくすると，果実はそのまま親個体近くの地面に落下する。果実中には，多数の種子が形成され，その末端にはグルコース，フラクトース，サッカロースなど，多量の糖を含んだエライオソームが形成される。果実全体が，多汁で甘酸っぱいことから，シカ，キツネなどの野生動物のほかにウシも好んで食べることが知られている。

　エライオソームを目あてに集まってくる昆虫は数多い。その代表は，何といってもアリたちであるが，シワクシケアリやヤマトアシナガアリなどが果実を訪れ，地上に落下した果実から種子を引きだし，巣へ運び込む。アリによる種子の平均移動距離は約60 cmで，種子は，巣のなかで種子本体とエライオソームとに切り離され，エライオソームはアリの食物とされるが，種子本体はそのまま巣の外に捨てられる。エライオソームはアリを引きつけ，社会性のアリの運搬行動により種子本体の散布が促進されている。

　しかし，実際にアリによって運ばれる種子は全体の15%程度にしかすぎず，現実には地上に落下した果実には，夜間に活発に活動する雑食性のオサムシやゴミムシなどの地表歩行性甲虫がすばやく訪れ，エライオソームを食べ，種子本体はその場に残される。エライオソームを食べられた種子はアリに運ばれることなく，落下したその場に残され，その後発芽することになる。このように，オオバナノエンレイソウの種子に形成される糖型エライオソームをめぐっては，アリと地上歩行性のゴミムシやオサムシなどの甲虫とのあいだで，激しい争奪戦が繰り広げられている。

　結果として，開花個体の周縁部には，実生がかたまって生育しているのをよく見かけるが，エライオソームを甲虫によって食い尽くされてしまった種子か，果実ごとその場にすべての種子が定着を果たしたものであろう。その一方で，うまくアリによって運ばれた種子は，長年月にわたり，開花・結実を繰り返す親個体近くでの親子個体間競争を避けることによって，個体の生存率を高めることができる。このように，固着性の植物にとって，次世代の担い手である種子を介しての分散は数少ない移動の機会であり，その後の個体の生育場所と運命を決定するうえで重要な役割を果たしている。

## 染色体数と核型，集団の遺伝構造の分化

　オオバナノエンレイソウは，2n＝10の2倍体である。核型とゲノム構成は，低温処理により現われるヘテロクロマチンとユウクロマチンのパターンより$K_1K_1$と判定されている(Kurabayashi, 1952；鮫島・鮫島, 1987)。低温処理後，体細胞染色体に観察できるヘテロクロマチンの退色模様にもとづき，北海道内のオオバナノエンレイソウ集団の遺伝構造に関する詳細な研究が行なわれた。その結果，染色体変異のうえから，オオバナノエンレイソウが北海道北部，東部，さらに本州北部を含む南部の3つの集団群に分化していることが明らかにされた。このような種内集団の分化は，過去の気候変動による海侵・海退や火山活動などによる生育環境の基盤の大規模な変化，またその後の地域集団レベルの分断・融合など，自然淘汰と遺伝的浮動の相互作用によって生じた結果であると解釈されている(Kurabayashi, 1957)。

エライオソーム：elaiosome

シワクシケアリ：*Myrmica kotokui*
ヤマトアシナガアリ：*Aphaenogaster japonica*

ヘテロクロマチン，異質染色質：heterochromatin
ユウクロマチン，真生染色質：euchromatin

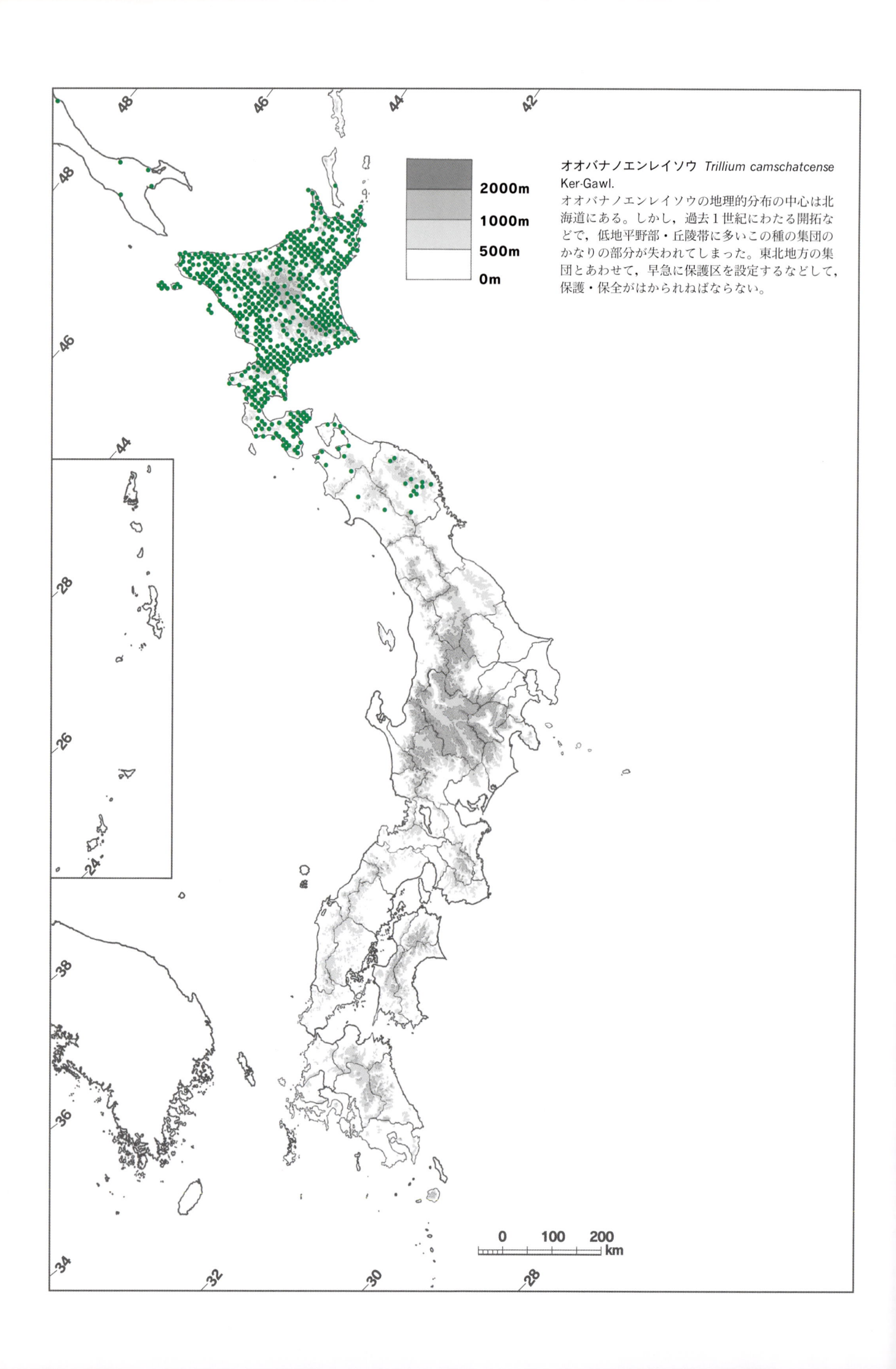

オオバナノエンレイソウ *Trillium camschatcense* Ker-Gawl.

オオバナノエンレイソウの地理的分布の中心は北海道にある。しかし，過去1世紀にわたる開拓などで，低地平野部・丘陵帯に多いこの種の集団のかなりの部分が失われてしまった。東北地方の集団とあわせて，早急に保護区を設定するなどして，保護・保全がはかられねばならない。

## エンレイソウ属の仲間とその分布

　エンレイソウ属は，第三紀起源の代表的な北半球の温帯要素の一群である。ユーラシア大陸にあっては，日本列島を含む極東地域，台湾，中国内陸部，ヒマラヤへと拡がっている。一方，北米大陸では，東部と西部の温帯，亜寒帯の落葉樹林・針葉樹林の林床，種によって亜高山帯のやや明るい低木林に広く分布する。北東アジアには，中国四川省からヒマラヤ山系に分布する2種(*Trillium govanianum* Wallich et Royle, *T. tschonoskii* var. *himalaicum* Hara)を除く，雑種起源の種を含むすべての9種が，日本列島，それも北海道に集中して分布する。北東アジアの種は，2倍体と4倍体の種と，これらの母種由来の雑種(4倍体，6倍体)から構成されている。一方，北米大陸の分布域は西部と東部に大きく二分されている。北米のエンレイソウはすべて2倍体で，アジア産と同じく花梗をもつ有花梗グループ15種と，花梗をもたない無花梗グループ25種に大別される。外部形態的にも多様で，有花梗グループには花梗が直立する種と，下垂する種が存在する。また，無花梗グループも花被片の形態分化は多様で，とりわけ東部より南部にかけて拡がる海岸平野に生育する種は，大小の各河川の氾濫原ごとに局所的な分化をとげた姉妹種が多い。

第三紀起源の植物群：
Arcto-Tertiary element

## 自然保護上留意すべき点

　近年，保全生物学の分野では，森林の分断・孤立化，すなわち「孤立林」の問題が重視されている。さまざまな開発行為にともない森林が完全に破壊され消失してしまう場合もあるが，開発が行なわれた周辺部に小さな森林が残されたり，あるいは道路建設などに際して，かつての大きな森林が分断され，細分化されることが多い。

保全生物学：
conservation biology

　北海道十勝地方には，過去100年あまりのあいだに行なわれた農耕地開拓にともなって生じた大小さまざまな孤立林が点在する。その林床には，オオバナノエンレイソウを始めとする数多くの林床植物が生育する。十勝地方の孤立林において，オオバナノエンレイソウの個体群構造との生育状況の調査を行なってきた。どの孤立林においても開花個体は存在するものの，より小さな林分では，幼植物の占める割合が低い。この地方のオオバナノエンレイソウは，種子生産を昆虫による他殖に依存している。そのため，より分断・孤立化が進んだ集団では，昆虫にとっての餌資源(花粉)の減少もあって昆虫の訪花頻度の低下が生じ，その結果，種子生産が低下し，その後の幼植物の減少が起こっている。林床植物にとって，森林の分断・孤立化は，長期的にみると集団構成個体の遺伝的多様性の減少と，あわせて繁殖力の著しい低下につながり，やがて地域集団の絶滅へと導く可能性が高いのである。

　このように，地域集団の分断化による影響は次世代個体の安定した供給の喪失，集団の保有する遺伝的多様性の急速な低下などによって，集団の持続的維持に甚大な影響を与えつつあることが，いくつかの植物集団で証明されつつある(Ohkawa et al., 1998; Tomimatsu and Ohara, 2002, 2003)。次世代個体の安定的供給と確保は，地域集団の持続的維持に欠かせない。しかし，それと同時に十分な生育空間の確保，好適な光環境，土壌環境を持続的に維持してくれる森林の構成要素の存在と，そこに共存する多くの共生者たち，とりわけ花粉の運び屋であるさまざまな昆虫たち，また形成された種子の運び屋であるアリたちなどと一緒に生活できる環境の維持が何にもまして大切である。

# Life History Characteristics of
# *Trillium camschatcense* Ker-Gawl. (Trilliaceae)

Syn. *Trillium kamtschaticum* Pallas; *Trillium pallasii* Hultén; *Trillium obovatum* Kunth; *Trillium erectum* L. var. *japonicum* A. Gray

*Trillium camschatcense* is the only diploid perennial (2n=10) of the genus *Trillium* (Trilliaceae) in northeastern Asia. Its geographical range extends from northern Honshu and Hokkaido to further north to the Kamchatka Peninsula, throughout the Kurile Islands.

*Trillium camschatcense*, a polycarpic perennial, is a representative spring plant of the northern temperate hardwood forests. Our long-term census study on *T. camschatcense* populations over the past 10 years revealed that it takes more than ten years for the plants to reach the sexually mature stage, but the individuals that reach the size classes in biomass capable of flowering do not flower continuously every season. There are overlapping generations within a population, which enhances the possibility of breeding among different generations. The exact life expectancy of *T. camschatcense* is unknown, but judging from the number of scars left on the rhizomes, which are traces of aerial shoots from past years, some flowering individuals are obviously reaching 40 - 50 years in age (Ohara and Kawano, unpubl. obs.; Ohara et al., 2001). The size- (or stage-) class structures clearly indicate that *T. camschatcense* is a species of exclusively sexual reproduction (Ohara and Kawano, 1986a). *T. camschatcense* is a typical insect-pollinated outbreeder, although occasional inbreeders have been known in eastern Hokkaido (Kurabayashi, 1957; Ohara and Kawano, 1986a). The ovule number per flower, i.e., 158 - 341 (mean: 225), and the number of pollen grains per flower of $4.2 - 5.7 \times 10^4$, with a P/O ratio of 2,200, specify *T. camschatcense* to be a conditional outbreeder (Ohara and Kawano, 1986a). The pollinators are represented by diverse insects, including *Bombus hypocrita*, *Andrena sublevigata* (Hymenoptera), *Scathophaga stercoraria*, *Eristalis cerealis* (Diptera), *Carpophilus chalubeus*, and *Aphthonaltica angustata* (Coleoptera). The seed bears a soft, juicy elaiosome at the tip, and is susceptible to ant dispersal, e.g., by *Myrmica kotokui*, *Aphaenogaster japonica*, etc. The chemical components of the elaiosomes of *T. camschatcense* seeds are known to contain sugars (fructose, glucose, saccharose), fatty acids, and also several hydrocarbons (Yamaoka and Kawano, unpubl. data), which are playing an important role, attracting various ant species.

The chromosome numbers (2n=10, $K_1K_1$-genome constitution) and local variations in karyotypes of *T. camschatcense* were critically investigated based on the heterochromatin banding patterns after cold treatment, by Kurabayashi and his colleagues (Kurabayashi, 1952, 1957; Fukuda et al., 1996).

The genus includes a total of 50 species, including those of hybrid origin, of which 10 species, *T. camschatcense* (2X), *T. tschonoskii* (4X)(incl. var. *himalaicum*), *T. apetalon* (4X), *T. smallii* (6X), *T.* × *yezoense* (3X), *T.* × *miyabeanum* (4X), *T.* × *hagae* (3X, 6X), *T.* × *channellii* (4X) and *T. govanianum* (4X) are indgenous to northeastern Pacific Asia, Taiwan, inland China and Himalayan mountains. All the remaining 40 species are North American, of which 25 species are sessile, lacking the pedicel, and thus are referred to the subgenus *Phyllantherum*.

## ミヤマエンレイソウ(別名シロバナエンレイソウ)(エンレイソウ科)

*Trillium tschonoskii* Maxim. (Trilliaceae)

Syn. *Trillium tschonoskii* Maxim. form. *violaceum* Makino; *Trillium tschonoskii* Maxim. var. *atrorubens* Miyabe et Tatewaki

　ミヤマエンレイソウ(別名,シロバナエンレイソウ)は,オオバナノエンレイソウ *T. camtschatcense* Ker-Gawl. に外見的にはよく似ており,ごく近縁の種を思わせる。しかし,その分布域は,日本列島から台湾,そして中国内陸部からヒマラヤの山岳地帯まで拡がっており,その広い地理的・生態的分布範囲を知ると,ずいぶん古い年代に分化した,異なる履歴の持ち主であることを予感させる。

### 地理的・生態的分布

　北海道,本州,四国,九州から南サハリン,朝鮮半島,鬱陵島,台湾,中国内陸部,さらにヒマラヤ山系にまで広く分布する。生育環境は平野部や丘陵帯,低山帯の落葉広葉樹林や亜高山帯の針広混交林と垂直分布域も広い。一般的に,クリーム色の子房をつけるが,果実が赤紫色から暗紫色のものは,エゾノミヤマエンレイソウ var. *atrorubens* Miyabe et Tatewaki と呼ばれる。中国内陸部の四川省,雲南省からブータン,ヒマラヤに産するミヤマエンレイソウは,日本とその隣接地域に分布するものと比べて花梗が短く,葉がやや幅広い菱形で,花弁(内花被片)の先端がやや尖り,長楕円状卵形をなすことから,一変種 var. *himalaicum* Hara として区分されている。

### 地下での挙動とフェノロジー

　新たなシーズンへの準備は,オオバナノエンレイソウと同様に,前年度の秋から冬の初めにかけて地中の根茎で起こっている。幼植物個体では,10月にはいると葉芽の形成,成熟個体では葉芽と花芽の形成が行なわれ,11月段階では花粉母細胞,胚のう母細胞で減数分裂によって花粉と胚のうの形成が完了している。早春の雪解けを待って,いっせいに地上へと展開の準備はできあがっている。

　低地平野部では,地上葉,花芽を形成した個体の地上への展開は4月中・下旬から始まり,北国北海道での開花期はオオバナノエンレイソウ,エンレイソウ *T. apetalon* Makino とほぼ重複する。しかし,低山帯〜亜高山帯の森林帯の集団個体では,はるかに遅い6月中・下旬から展葉が始まり,開花は7月にはいって開始される。したがって,結実期は8月中・下旬までとかなり遅い。

### 開花までの道のりと野外集団の構造

　エンレイソウ属植物は,花の形態や色は異なるものの,その生活史過程はいずれの種でも基本的にはよく似ている。ミヤマエンレイソウの場合,種子から発芽したばかりの実生個体は,長さ2cm程度の小さな披針形の葉を1枚だす。オオバナノエンレイソウと同様に,実生は地下部も小さく,まだ葉柄の基部に根茎のもととなる小さなまるいふくらみと,それから1〜2本の根がでているだけである。地上に展葉して1年目の春はこの状態で過ごす。そして,翌年からはやや幅の広くなった心形の1枚葉にかわり,この1葉段階は少なくとも4〜5年間続き,毎シーズンの光合成を通じて地下の根茎に貯蔵物質を蓄え,葉および植物体全体をしだいに大きくする。この間,各サイズ・クラスに帰属する個体の数は,初めの実生段階から3年ほどのあいだに15%あまりに急激に減少するが,個体サイズ(バイオマス)の増加にともなって小型の3葉段階の個体が少しずつ増加し,やがて1葉個体に取ってかわる。

　その後,無性の3葉段階は数年続き,開花までには4〜5年が必要である。したがって,種子から開花まで10年以上の年数がかかる。一度,開花段階に到達した個体は,その後,

バイオマス:biomass

### ミヤマエンレイソウ　*Trillium tschonoskii* Maxim.（エンレイソウ科）

1：生育地（habitat），2：開花個体（flowering individual），3：訪花昆虫（pollinator），4・5：花（全体）と雌雄ずいの形態比較（左からオオバナノエンレイソウ，シラオイエンレイソウ，ミヤマエンレイソウ）（a comparison of flowers, and staminate and pistillate organs, *T. camschatcense*, *T. × hagae* and *T. tschonoskii*, left to right），6：果実（fruit），7：種子とエライオソーム（seeds with elaiosomes），8：結実期（fruiting stage），9：エライオソームを食べるオサムシ（*Carabidae* beetle eating the elaiosome）。写真撮影　1～9：大原　雅

ミヤマエンレイソウ　*Trillium tschonoskii* Maxim.（エンレイソウ科）
F：花（flower），B：漿果（berry），Sd：種子（seed），S：実生（seedling），J（$J_1$〜$J_4$）：幼植物（1葉段階）（juveniles, single leaf stage），J（$J_5$〜$J_8$）：幼植物（3葉段階）（juveniles, three-leaves stage），Fl：開花個体（flowering ind.）

開花・結実を繰り返す。しかし，単位面積当たりの開花個体の割合は，無性3葉個体の20%程度しかない。予備軍としての無性3葉段階の個体の維持が，地域集団の繁殖成功率を持続的に一定レベルで維持するうえで，極めて重要であることがわかる(Ohara and Kawano, 1986b)。

### 有性繁殖の仕組み

日本のエンレイソウ属植物は，もっぱら種子により繁殖する。ミヤマエンレイソウでは，子房内に形成される胚珠数は，1個体当たり90〜222個(平均約154個)である。それに対して，個体当たり生産花粉数は$0.8〜1.4×10^5$個に達する。交配システムの1つの指標である花粉数と胚珠数との比率(P/O比)は約700で，この数値は多くの自殖型の植物群が示す値に限りなく近い。ミヤマエンレイソウは，潜在的には自殖と他殖の両方を行なうことが可能であるが，自殖による種子生産の割合は高いと考えられる(Ohara and Kawano, 1986a)。

花粉(雄性配偶子)：pollen(P)
胚珠(雌性配偶子)：ovule(O)
P/O比：pollen : ovule ratio

ミヤマエンレイソウは，花型からみる限り典型的な虫媒花である。野外では，しばしばケシキスイ科やハムシ科の昆虫が花のなかに潜り込んでいる姿を見かける。しかし，ミヤマエンレイソウでは，葯の裂開が開花前に生じるため，実際には柱頭表面が自家花粉で覆われることにより自殖が生じている可能性が高い。そして7月には，重さ約3.45 mgの種子を，個体(花)当たり29〜134個(平均約94個)つくる。すなわち，胚珠の約5割強(51.2%)が結実していることになる。

### 種子散布の仕組み

種子は付属体，すなわちエライオソームをもつが，それを目あてにシワクシケアリやヤマトアシナガアリなどが果実に集まってくる。地上に落下した果実から種子を引きだし，巣のなかへ運び込む。種子は，巣のなかで種子本体とエライオソームとに切り離され，エライオソームはアリの食糧とされるが，種子本体はそのまま巣の外に捨てられる。エライオソーム中に含まれる成分には，オオバナノエンレイソウと同様に，アリを種子へ引きつける誘因となる糖や脂肪酸が含まれているのであろう。

エライオソーム：elaiosome
シワクシケアリ：
*Myrmica kotokui*
ヤマトアシナガアリ：
*Aphaenogaster japonica*

しかし地上に落下した果実には，夜間に活発に活動する雑食性のオサムシやゴミムシなどの地表歩行性甲虫がすばやく訪れ，エライオソームを食べるため，実際にアリによって運ばれる種子は全体の15%程度にしかすぎない。エライオソームを先に食べられた種子はアリに運ばれることなく，落下したその場に残され，その後発芽する。

### 染色体数と核型

ミヤマエンレイソウは，染色体数2n=20の4倍体で，ゲノム構成はTという起源の古いもはや現存しない祖先型と，$K_2$という起源のうえでは，現存するオオバナノエンレイソウにみられる$K_1$よりも古いと推定されるゲノムを有する。その地理的・生態的分布域の広さからみると，その起源は第四紀の氷期以前の相当古い地質年代に遡る可能性が高いとみなされている(核型は$K_2K_2TT$)(Kurabayashi, 1952；鮫島・鮫島, 1987)。

### 種分化のキー植物

日本には，種間雑種も含めると現在9種のエンレイソウ属植物が分布する。このうち，近年北海道の屈斜路湖畔で発見されたカワユエンレイソウ *T. × channellii* Fukuda,

Freeman et Itou(Fukuda et al., 1996)を除く残り8種に関しては，そのゲノム構成に関する研究により8種の起源と類縁関係が明らかにされている(Kurabayashi, 1958；鮫島・鮫島，1987)。これらの8種のなかで，オオバナノエンレイソウのみが2倍体(2n=10)で，4倍体のエンレイソウ(2n=20)，ミヤマエンレイソウ(2n=20)と，これら3種を基本種として種間交雑ならびに染色体の倍数化をともなって，トカチエンレイソウ *T.* × *yezoense* Tatewaki(3倍体)，ヒダカエンレイソウ *T.* × *miyabeanum* Tatewaki(4倍体)，シラオイエンレイソウ *T.* × *hagae* Miyabe et Tatewaki(3倍体，6倍体)，コジマエンレイソウ *T. smallii* Maxim.(6倍体)が誕生したのである。ミヤマエンレイソウを片親とするシラオイエンレイソウ(オオバナノエンレイソウとの交雑)と，ヒダカエンレイソウ(エンレイソウとの交雑)の雑種形成において，ゲノムの親和性と種間交雑率が高いことが知られているが，このようにミヤマエンレイソウは日本のエンレイソウ属植物の種形成のキー植物になっている。

シラオイエンレイソウは，オオバナノエンレイソウとミヤマエンレイソウの種間雑種であるが，シラオイエンレイソウには3倍体と，さらにその染色体が倍加した複2倍体の6倍体が存在する。3倍体は不稔であるが，6倍体は減数分裂が正常に行なわれ高い稔性を有する。3倍体シラオイエンレイソウは，2倍体オオバナノエンレイソウと4倍体ミヤマエンレイソウの両種が同所的に生育する場所で，比較的高頻度で出現していることが確かめられている(Matsuzaka and Kurabayashi, 1959)。

## エンレイソウ属の仲間：その分布と分化

エンレイソウ属は，いわゆる代表的な第三紀起源の植物群の1つである(河野，1960，1994)。属全体としてみると，北半球の温帯域，とりわけ北東アジアと北米東部と西部に分布の中心があり，落葉広葉樹林の林床や時には明るい針葉樹の疎林にその生育地が拡がる。

そのなかにあって，ミヤマエンレイソウは，アジア産のエンレイソウ属のなかでは最も分布域が広い。サハリン，北海道，本州，四国，九州，朝鮮半島，鬱陵島，台湾，中国内陸部，ヒマラヤ山系の亜高山帯の混交林や低地落葉樹林の林床から，分布域の北端では低地平野部の落葉広葉樹林の林床まで，広い範囲にまたがって分布する。

ヒマラヤの山岳地帯の亜高山の針葉樹の疎林の林床に，今日限られた分布を示す *T. govanianum* Wallich ex Royle，そして北米東部の亜高山帯のやや明るい針葉樹林林床や草原に分布・生育する *T. undulatum* Willd. など，氷河期には比較的限定された場に移住・生残し，やがて後氷期にその分布域を急速に拡張したとみなされる種もある。なかには，*T. rivale* S. Watson のように，北米西部の古生代の地層が露出する超塩基性岩(蛇紋岩)の礫原の岩陰に点々と生育するような特殊化が進んだ種もある。

地理的分布域の広さと，植生帯からみた生育環境の違いは，一般に，その種がたどった歴史の一端，すなわち分布域拡張の過程で遭遇した異なる生育条件に対する適応的分化をとげたその帰結を示しているとみなされる。これらの種の染色体数，ゲノム構造，さらに近年になって得られた葉緑体ゲノムの構成遺伝子(*matK*，*rbcL* 遺伝子)やリボソームDNA の ITS 領域の塩基配列の構造に関する最新の情報は，従来の私たちの植物地理学上の"分布論"に関する解釈を，その根底から突き崩しつつある(Kazempour Osaloo and Kawano, 1999)。

第三紀起源の植物群：Arcto-Tertiary element

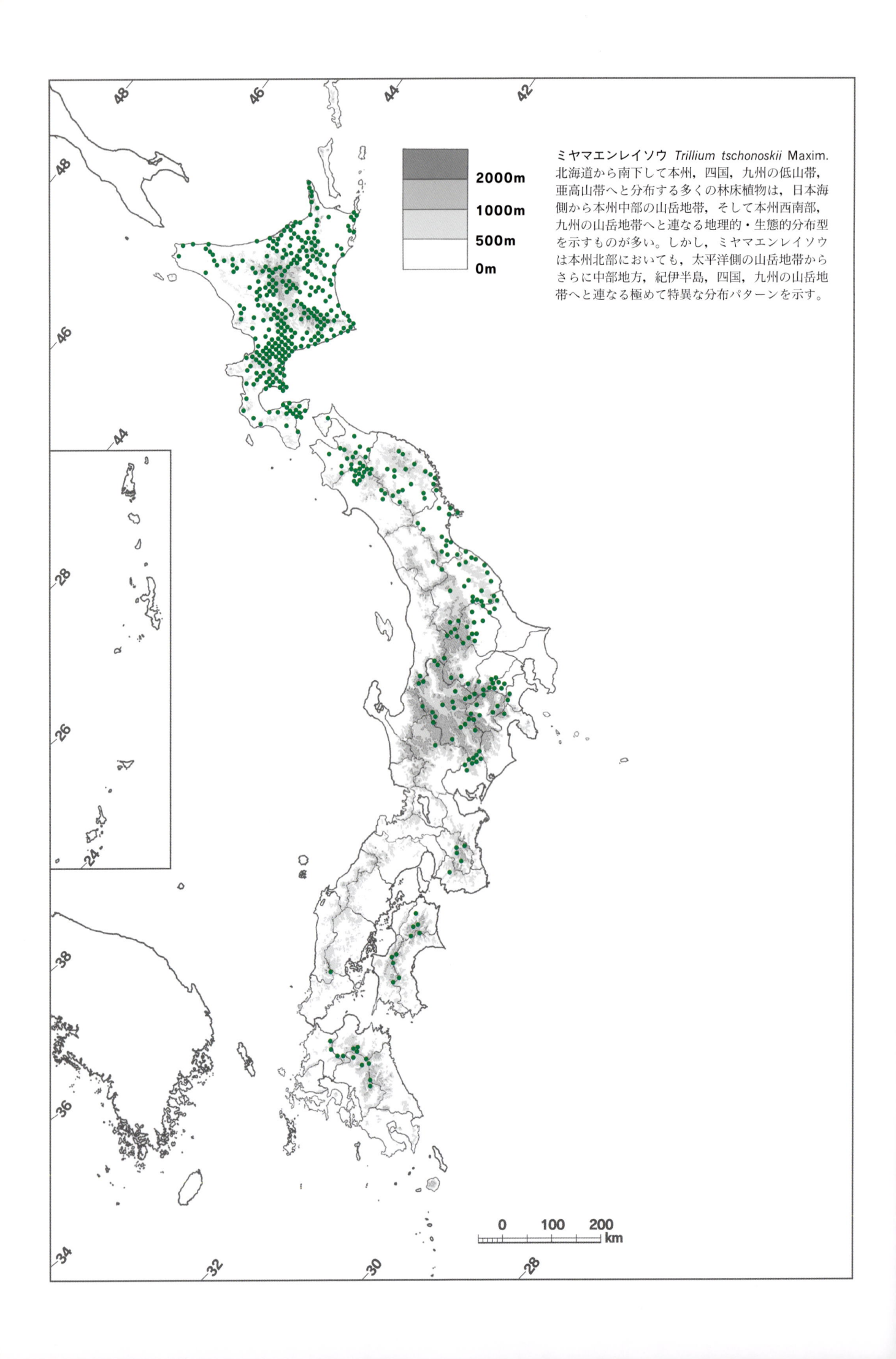

ミヤマエンレイソウ *Trillium tschonoskii* Maxim.
北海道から南下して本州，四国，九州の低山帯，亜高山帯へと分布する多くの林床植物は，日本海側から本州中部の山岳地帯，そして本州西南部，九州の山岳地帯へと連なる地理的・生態的分布型を示すものが多い。しかし，ミヤマエンレイソウは本州北部においても，太平洋側の山岳地帯からさらに中部地方，紀伊半島，四国，九州の山岳地帯へと連なる極めて特異な分布パターンを示す。

## 北海道におけるエンレイソウ属植物の種形成の背景

　北海道各地において，オオバナノエンレイソウ(2倍体)，ミヤマエンレイソウ(4倍体)とエンレイソウ(4倍体)が，しばしば同一の生育地において同所的な集団を形成するにいたった過程は，決して単純ではない。後氷期における植生遷移とエンレイソウ属植物の個々の種集団の移住，分布域の拡張過程で生じた偶発的なできごとというにはあまりにみごとな自然界でのお膳立てでもあった，といえよう。北海道では，渡島の駒ヶ岳，胆振と後志の境界にある羊蹄山，胆振の有珠山，樽前山，石狩の大雪山旭岳，十勝岳，道東釧路の雌阿寒岳，知床の羅臼岳など，過去にいくどとなく爆発を繰り返してきた巨大な火山の存在を忘れることはできない。たび重なる火山活動によって，それまで成立していた森林植生は再三再四にわたり切り裂かれ，火山灰に覆われた広大な生態的空白地帯が生じることになる。

　エンレイソウ属の異なる3種，オオバナノエンレイソウ，ミヤマエンレイソウ，エンレイソウが各地において同所的集団を形成した背景には，気候変動の影響もさることながら，火山活動によるそれぞれの種のニッチの破壊と集団の再生過程で同一生育地内での複数の種の共存状態をつくりだした可能性が極めて大きい。このためにこれら3種間相互に種間交雑が頻繁に起こったのであろう。

　函館山，そこには3種の母植物，2倍体のオオバナノエンレイソウ($K_1K_1$)，4倍体のミヤマエンレイソウ($K_2K_2TT$)と，同じく4倍体のエンレイソウ($SSUU$)が共存する。これら3種間で起きた相互交雑は，これら3種のあいだを交互に，しかも頻繁に行き来して花粉を運んだ昆虫たちがもたらした帰結でもあるが，シラオイエンレイソウ($K_1K_2T$)とヒダカエンレイソウ($K_2TSU$)という2つの雑種起源の植物の誕生へと導いた(Matsuzaka and Kurabayashi, 1959)。これは，北海道を舞台に繰り広げられたエンレイソウ種分化の壮大なドラマのほんの一端にすぎない。日本のエンレイソウ属植物の種形成は，オオバナノエンレイソウ，エンレイソウ，ミヤマエンレイソウの3種の生育環境が重複するなかで生じた開花期のオーバーラップ，送粉昆虫の共有，種間の交雑親和性と染色体数の倍加による稔性の獲得，交雑種子の発芽・定着・成長という一連の生活史過程の確立といった生態的かつ遺伝的背景が，その舞台になっていることがわかる。

## 自然保護上留意すべき点

　北海道は，過去わずか100年あまりのあいだに開拓という名のもとの自然破壊によって，平野部を中心に存在していたエンレイソウを含むさまざまな植物たちの生活の舞台を，各地でことごとく，しかも大規模に破壊してきた。現在，すっかり断片化した平野部や丘陵帯に残された森と，そこにすむさまざまな植物や動物たちの生活の場を確保してやることができる最後のチャンスともいえる。さまざまなエンレイソウの種の保護・保全は，植物たちの生育の場である森や草原を確保してやることから始めなければならない。今や待ったなしの仕事である。

# Life History Characteristics of *Trillium tschonoskii* Maxim. (Trilliaceae)

Syn. *Trillium tschonoskii* Maxim. form. *violaceum* Makino; *Trillium tschonoskii* Maxim. var. *atrorubens* Miyabe et Tatewaki

*Trillium tschonoskii* is the most wide-ranging species among Asiatic *Trillium*, extending from southern Sakhalin, Hokkaido, Honshu, and Shikoku to the Korean Peninsula, Ullung Island, Taiwan, and further to inland China (Yunnan, Szechuan) and the Himalayan Mountains. Its habitats are also broad, ranging from the lowland deciduous forest floor to subalpine mixed forests consisting of conifers (*Abies* and *Picea*) and subalpine birch, *Betula ermani*. The Himalayan populations are characterized by having a shorter peduncle, broad-rhombic leaves, and oblong-ovate perianthes with an acute tip, and are called var. *himalaicum*.

*Trillium tschonoskii* is a typical polycarpic perennial, similar to all other *Trillium* species (Ohara, 1989; Kawano, 1994). Seedlings of *T. tschnoskii* have a narrow lanceolate leaf at the tip of a thread-like petiole. In subsequent years, the single-leaf stage with an ovate or broad-ovate leaf lasts for at least several years, and then switches to the three-leaf stage. It is estimated to take ca. 10 years to reach the sexually mature stage. The life expectancy of mature plants is assumed to be exceedingly long, extending over 40 years (Ohara and Kawano, 1986a; Ohara, 1989; Ohara et al., 2001). The size-class (or stage-class) structures of *T. tschonoskii* are similar to those of *T. camschatcense* and *T. apetalon*, having a Type III curve of Deevey (1947), a feature of exclusively sexually reproduced species (Kawano, 1974; Ohara et al., 2001).

*Trillium tschonoskii* is insect-pollinated, but possesses a potential for inbreeding, since the anthers occasionally release pollen while the flowers are not completely open. The ovule number per flower is 90 - 222 with a mean value of 154, and the number of pollen grains per flower is $0.8 - 1.4 \times 10^5$, with a P/O ratio of 700. This suggests that *T. tschonoskii* is primarily an inbreeder, and inbreeding appears especially predominant in small isolated populations (Ohara and Kawano, 1986a). The main flower-visiting insects are flies, beetles, and bees, such as *Scatophagiae* (Diptera), *Agekasa nigriceps*, *Epuraea* sp., *Oedemera lucidicollis* (Coleoptera), and *Andrena* sp., *Halictus* sp. (Hymenoptera), etc. (Fukuda, 1961).

The seed output per plant was examined in 1980 and 1984; it was 29 - 190 (mean number: 85.0) in 1980, and 28 - 168 (mean number: 79.8) in 1984, indicating that more than 50% of the ovules were fertilized. Seeds with a large elaiosome attract ants (such as *Myrmica kotokui*, *Aphaenogaster symthiesi japonica*, etc.), which are efficient seed dispersal agents, but nocturnal elaiosome predators (ground beetles, such as *Pterostichus thunbergii*, *Carabus granulatus*, *Staphylinus daimio*, etc.) are also very active.

*Trillium tschonoskii* is a tetraploid, with a genome constitution of $K_2K_2TT$ (Kurabayashi, 1952; Samejima and Samejima, 1987), and is a key species as one of the important genome donors for hybrid species such as *T.* × *miyabeanum* (4X), *T.* × *hagae* (3X, 6X), and *T.* × *channellii* (4X) (Samejima and Samejima, 1987; Fukuda et al., 1996).

# ショウジョウバカマ(ユリ科)

*Helonias orientalis* (Thunb.) N. Tanaka (Liliaceae)

Syn. *Scilla orientalis* Thunb.; *Sugerokia orientalis* (Thunb.) Koidz.; *Heloniopsis pauciflora* A. Gray; *Heloniopsis orientalis* (Thunb.) C. Tanaka

　ショウジョウバカマ(猩々袴)は，新しい葉，古い葉が重なりあってロゼット状につき，秋には古い葉が濃赤色に紅葉し，独特な雰囲気を醸しだす。和名の由来は，紅紫色の花を，中国の想像上の生き物で森の住人である猩々(しょうじょう)の赤い顔にたとえ，ロゼット状の葉を猩々が身にまとう袴になぞらえた，といわれる。ユリ科の一員であるが，その分化の起源は古く地質年代の第三紀にまで遡る。

## 地理的・生態的分布

　ショウジョウバカマは，北海道，本州のほぼ全域，四国の高山草原，亜高山帯のダケカンバ林，針葉樹林の林床，低山帯から平野部の落葉広葉樹林の林床に分布する。ショウジョウバカマの生態分布を日本列島各地で調べてみると，意外な事実に気づく。分布域の北限である北海道では，標高が1,000 m以上の亜高山帯～高山帯にその分布が圧倒的に集中しており，平野部ではこの植物を見かけることはほとんどない。ところが，本州中部以南では平野部や丘陵地帯の湿った林の樹陰にしばしば群生し，標高3,000 mの高山帯に発達するお花畑にまで，ほぼ連続してその生育地が存在する。本州の日本海側においては，とくにその傾向が著しい。したがって，その生育環境は極めて多様性に富んでいる。丘陵帯のコナラ・クヌギ・イヌシデなどの落葉広葉樹が優占する二次林やスギ林の湿って暗い林床から，低山帯～亜高山帯にかけて発達する落葉広葉樹林や針葉樹林の林床，さらに亜高山帯に発達した高層湿原のなかやその周縁部に拡がるナナカマド・ダケカンバ・ミヤマハンノキ・チシマザサなどの低木や矮性低木の下層にも生育する。高山帯ではハイマツの繁みの隙間や，草丈の低い高山植物に覆われる中性お花畑から湿潤な高層草原まで，じつに幅広い生態分布を示す。

　変種のシロバナショウジョウバカマvar. *flavida*は，紀伊半島を中心に近畿一円と広島県，四国の一部にやや集中して分布する。ツクシショウジョウバカマ(ヤクシマショウジョウバカマ)に関しては，独立種コチョウショウジョウバカマ(新称)*Helonias breviscapa* (Maxim.) N. Tanaka(＝*Heloniopsis orientalis* subsp. *breviscapa* (Maxim.) Kitam.，またはvar. *breviscapa* (Maxim.) Ohwi)とする見解もあるが(Tanaka, 1998)，分類学的には異論が多い植物である。白色または淡紅色の短い花被片，波打った葉をつける特徴をもつ。九州，屋久島，四国の森林林床から，飛び石状に神奈川県，千葉県の海岸に接した林床や岩場にその分布が記録されている(布施，2001)(分布図参照)。

## フェノロジー，経年成長の過程と生活史の特徴

　ショウジョウバカマの生態分布は，平野部から高山帯までの極めて広い範囲にわたっているという事実は，この植物が幅広い環境に適応した，ユニークな生活様式をもっていることを一方で物語っている。多雪な日本海沿岸の平野部であっても，降りつもった雪が大地を完全に覆っているのは1～2月のせいぜい2カ月あまりであるから，常緑性多年草のショウジョウバカマの生育期間は，最低10カ月はある。生育地の高度が上がるにつれ，積雪期間がより長くなるから，その分だけ生育期間が短くなることになる。標高が2,500 m以上の高山になると，所によっては数～10 mに達する積雪があり，7月中旬まで雪に覆われている。年によっては10月にはいるともう初雪が降る。したがって，高山帯では，その生育期間がわずか3カ月しかない。それに加えて，生育環境の光環境も著しく異なっている。低地・丘陵帯の落葉広葉樹林の林床から，低山帯のブナ・アシウスギ混交林，亜高山帯の針葉樹林・ダケカンバ林の暗い林床，そして海抜2,400 m以上の高山帯の明る

**ショウジョウバカマ** *Helonias orientalis* (Thunb.) N. Tanaka（ユリ科）

1：開花最盛期（plants in full bloom），2：雌性期の花（flowers at the female stage），3：急速に展開を開始する新葉（new sprouting leaves），4・6：結実期（fruiting stage），5：白花個体（white flowered form），7：開花の後期（late flowering stage），8・9：訪花昆虫（トラマルハナバチ，ビロウドツリアブ）（*Bombus diversus diversus* and *Bombylius major*: pollinators），10〜12：葉の先端部に形成される無性芽と無性芽由来のラメット（ramets formed at the tip of the 3rd year leaf）。写真撮影　1〜5・7・10〜12：河野昭一，6・8・9：田中　肇

ショウジョウバカマ *Helonias orientalis* (Thunb.) N. Tanaka (ユリ科)
Fl(Fl$_0$〜Fl$_1$):開花個体(flowering ind.), F(F$_0$〜F$_2$):花(flower), Cp(Cp$_1$〜Cp$_2$):さく果(capsule), Sd:種子(seed), S:実生(seedling), J(J$_1$〜J$_4$):幼植物(juveniles), R:ラメット(ramet), ○ → × → △:ラメットが分離,独立する経路(processes of ramet separation)

いお花畑の草原へと，極めて対照的な環境へと分布が拡がっている。

　"常緑性"という性質は一年間通じて緑であることを意味する。だが，一度形成された葉が恒久的に植物体についているわけではない。常緑性多年草においても，じつに規則正しく，周期的に古い葉から新しい葉への新旧交代が毎シーズン繰り返されている。とはいっても，生育期間が最高10カ月から最低3カ月しかないような極端な違いのある生育環境で，ショウジョウバカマはいったいどのように新旧器官の入れ換えを行なっているのだろうか。

　北陸地方では，3月にはいると気温の急上昇にともなってそれまで分厚く地表を覆っていた雪が急速に消え始める。雪が消え，越冬が終わった時点でショウジョウバカマは2年分の常緑葉をあわせもっている。葉はロゼット状に輪状につくが，最下層には二年葉が，そしてその上層には前年度の春に形成された数枚の一年葉がある。厳しい冬を越したこれらの葉には，耐凍性を増すために可溶性タンパクや配糖体のアントシアンが多量に蓄積され，濃い赤紫色を帯びている。この時期にはすでに，前年度の秋に形成された葉芽と花芽は展開寸前の状態にある。4月上旬ともなると，ゆっくりと新葉の展開が開始され，開葉が最盛期を迎えるのは花後の4月下旬である。高度が異なるさまざまな生育地で新葉の展開が起きるさまは，融雪にともなう雪線の後退と対応している。標高が100mでは4月上旬，300mでは4月中旬，900mでは5月中旬，1,900mでは6月下旬，2,600mでは7月中旬と，雪が消えるのを追いかけるように次々に新しい葉が開葉する。

　雪が消えた時点で，すでに前年度の秋に形成された花芽から花の蕾と短い花茎がちょっぴり顔をだしている。ショウジョウバカマの開花は，低地では展葉に先だって始まるが，標高2,000m以上の高山では，開花と新葉の展開がほぼ同時に起こる。したがって山岳地帯では，亜高山帯から高山帯へと展葉と同様に，開花期が雪線の後退を追いかけるように山の上へと登っていくことになる。

### 有性繁殖の仕組み：交配システムと送粉システム

　北陸地方の低地では3月下旬から4月上旬にかけて，ショウジョウバカマは開花の最盛期を迎える。花茎はまだ十分に伸びきっておらず，その高さが10cmにも達していないが，4〜8個の紅紫色の花をほとんど同時に咲かせるので，ショウジョウバカマが群生する林床は，一度にぱっと華やいだ雰囲気につつまれる。ショウジョウバカマの開花を，蕾がほころび始めるごく早い時期からじっくりと観察してみる。まず，花被が完全に開ききらない前に雌しべの柱頭だけが花の外に突きだしている。典型的な雌性先熟，他殖性であることがわかる。数日と経たないうちに，花序の先端部にまとまってすべての花がいっせいに開く。しかし，すぐにはすべての雄しべの葯が裂開しない。3月末の林床にはまだ時おり冷たい風が吹きぬけ，葉の開ききっていない上層の落葉樹の梢を激しく揺さぶる。

　気温のまだ低いこの時期に出現する昆虫は，種類もその数もそれほど多くはない。それでも風のない日には，ぽかぽかした春の陽気にさそわれて，トラマルハナバチ，シマハナアブ，ビロウドツリアブなどの仲間が，ショウジョウバカマの花を訪れる（Takahashi, 1988）。ギフチョウもしばしばショウジョウバカマの花に吸蜜に訪れるが，その体制や行動様式からみて必ずしも有効な花粉の運搬者ではないらしい。しかし満開状態の花は盃状に開くので，蜜腺は花被片の基部にあるが，クマバチやマルハナバチのような大型の昆虫でなくとも訪花し，容易に吸蜜することができる。このように，ショウジョウバカマは早春の昆虫相がまだ豊富でない時期に開花することの不利さを，できるだけさまざまな昆虫

トラマルハナバチ：
*Bombus diversus diversus*
シマハナアブ：
*Eristalis cerealis*
ビロウドツリアブ：
*Bombylius major*
ギフチョウ：
*Luehdorfia japonica*
クマバチ：*Xylocopa appendiculuta circumvolans*

を花に引きつけることで補っているようにみえる。

　ショウジョウバカマの開花は10日間ほど続く。そのあいだにも，花茎はかなり伸長するが，受粉・受精後の花と花茎にはさらに大きな，一連のドラマティックな変化が起こる。それまでじつに鮮やかな紅紫色をしていた花被片は，10日もするといっせいに変色を始め，やや褐色がかった赤色となる。それとほぼ同時に短い花梗が少し曲がって下向きとなり，すべての花がうなずいたように下をむく。やがて4月下旬を迎える。花茎はさらにゆっくりと伸長を続ける。この頃になると宿存性の花被はもうすっかり緑色となり，再び花は上向きとなって，緑色をしたさく果がもうふくらみ始めている。5月下旬ともなると，落葉樹林の林床は上層の樹冠がすっかり展開し終わり，林床に暗い陰を落としている。この時期の花茎は著しく伸長して，優に50〜60 cmにも達する。さく果は裂開し，無数の糸くずのような種子がまるで盃にでも盛られたかのように，山になっている。ときどき，林内を吹きぬける風によって花茎がゆらゆらと揺れ，そのたびに微小な種子がはらはらと周囲へ四散していく。

宿存性の花被：地面に落ちないで，くっついた状態で残る花被のこと。

## 繁殖投資の多様なプログラム

　ショウジョウバカマの生態分布と生育地の光環境の広がりについては，先にも述べたように極めて多様であることがわかった。この事実は，ショウジョウバカマの集団がそれぞれの生育環境のなかで，巧みに資源の使い分けを行なっている可能性を示している (Kawano and Masuda, 1980)。

　まず手始めに，ショウジョウバカマの植物体の大きさ(バイオマス)を低地平野部(富山市呉羽丘陵城山，標高100 m)や丘陵帯の落葉樹二次林の林床(富山県八尾町，標高200 m)，立山美女平のブナ・アシウスギ林の林床(標高1,000 m)，立山弥陀ヶ原の高層湿原(標高1,900 m)，立山国見岳の高山草原(標高2,600 m)などの生育環境の著しく異なる集団で調べてみる。低地平野部から順に，城山16.5(単位g，乾燥重量平均)，八尾町8.2，美女平3.3，弥陀ヶ原1.5，国見岳1.5と，それぞれの生育地の生育期間の長さと利用できる資源量の著しい差違を反映している様子をかいまみることができる。

バイオマス：biomass

　ところが，花茎・花序・花への個体のバイオマスに対する分配率(%)を調べてみると，低地から高山集団まで順に，9.97，13.03，15.25，23.06，25.52と高くなり，高山集団ではじつに低地の2倍以上も高くなっていることがわかった。厳しい高山環境下では，有性繁殖器官へのエネルギー投資率が高くなっている様子がよくわかる。これとあわせて，それぞれの集団ごとに生産される個体当たりの種子数と種子生産へのコストを調べてみる。個体当たりの種子生産数は，441〜5,084個(平均2,702)，307〜5,527個(平均2,718)，722〜3,829個(平均1,656)，330〜3,028個(平均1,134)，223〜3,140個(平均1,138)としだいに高山環境へと低下するが，種子生産のコストはその逆に，低地集団個体を1.0とすると，順次1.3，2.5へと増大し，高山帯では5.5，6.6倍と極めて高くなっている。

## 特異な栄養繁殖

　ショウジョウバカマの種子の発芽は，散布された直後の初夏の頃と秋口の10〜11月にかけて最も多い。林床が非常に暗く，やや乾燥している夏には少ない。糸くずみたいに両端に付属体をもった種子から発芽した実生は，これまたはなはだ小型であるので，地面に這いつくばって，目を皿のようにして探さない限り発見することができない。実験室内ではよく発芽して，発芽率が80%あまりに達する種子も，野外条件ではそれほど高くはな

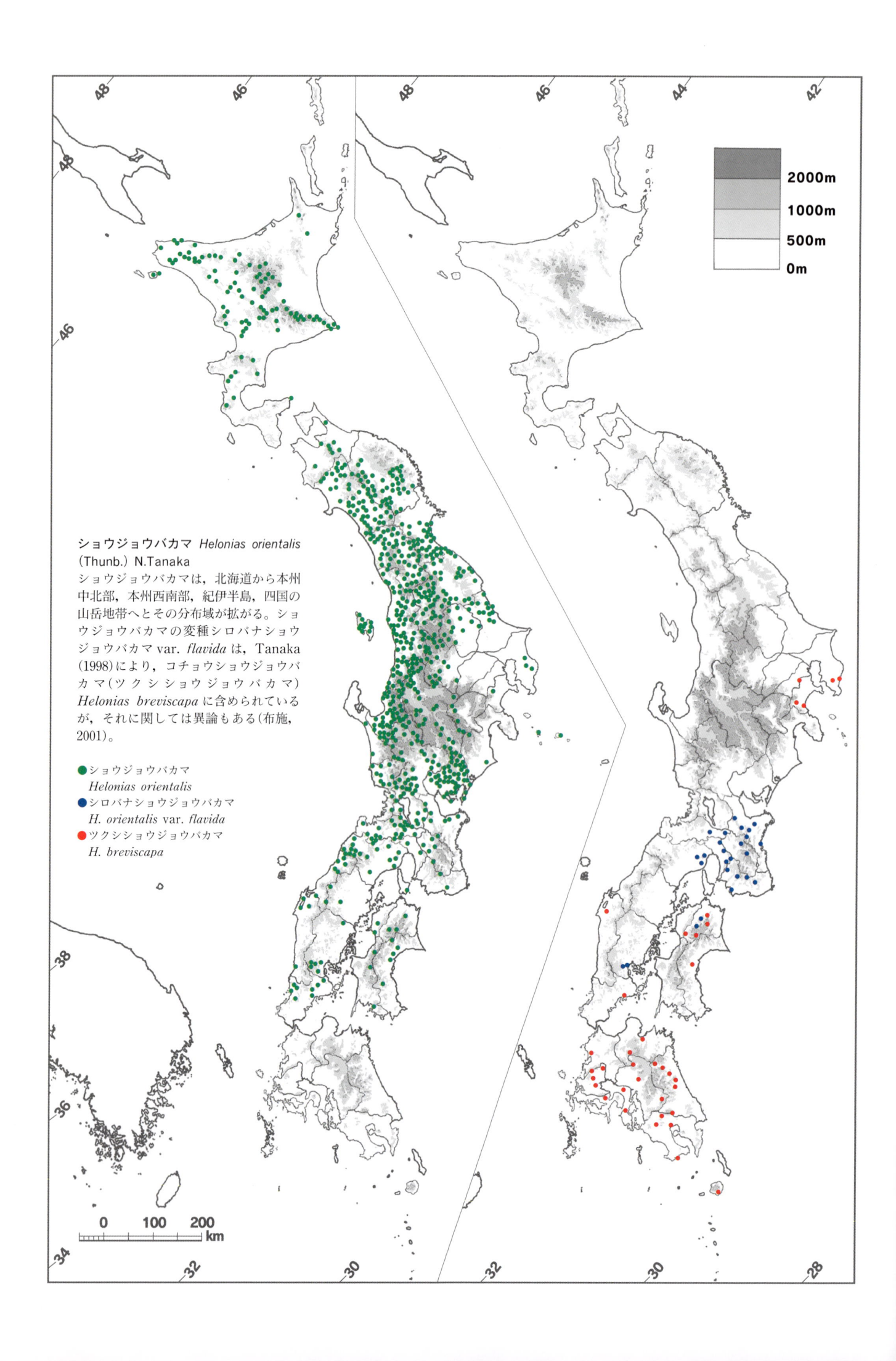

ショウジョウバカマ *Helonias orientalis* (Thunb.) N.Tanaka

ショウジョウバカマは，北海道から本州中北部，本州西南部，紀伊半島，四国の山岳地帯へとその分布域が拡がる。ショウジョウバカマの変種シロバナショウジョウバカマ var. *flavida* は，Tanaka (1998)により，コチョウショウジョウバカマ（ツクシショウジョウバカマ）*Helonias breviscapa* に含められているが，それに関しては異論もある（布施, 2001）。

- ● ショウジョウバカマ *Helonias orientalis*
- ● シロバナショウジョウバカマ *H. orientalis* var. *flavida*
- ● ツクシショウジョウバカマ *H. breviscapa*

いようである。野外では，芽生え自体が非常に小さいので発見しづらい。いずれにせよ，ショウジョウバカマでは，これほど多産であるにもかかわらず，種子による次世代個体の補充率はあまり高くない。種子段階，実生段階，幼植物段階の死亡率は極めて高く，生残率は非常に低いとみなさねばならない。

だがショウジョウバカマには，もう1つのたいへん効率的な繁殖システムが分化している。常緑葉の新旧交代が毎シーズン極めて規則的に春から初夏にかけて起こっていることは先にも述べた。朽ち果てる直前の二年葉をよく見ると，湿った地面に接した葉の先端部には，必ずといってよいほど小さな植物体が形成されている。初めは豆つぶほどの小さな芽も，親からもらった養分を元手に，自ら発根して自力で物質生産を始めるようになると，またたく間に成長して，二年葉の枯死と同時に親から分離して独立する。大きなロゼット葉個体の周りを見ると，しばしばその個体を取り囲むように無数の大小さまざまな幼植物が生育している。どうやら栄養繁殖由来の個体のようだ。

こうしてみると，低地から低山帯，そして亜高山帯の閉鎖的な林床や高山帯の草原に生育するショウジョウバカマは，その有性繁殖による次世代個体の補充の効率の悪さを，葉の先端部に形成される栄養繁殖体で巧みに補っていることがわかる。ここにも，したたかな植物の〝生残りの戦略〟をみてとることができる。

ロゼット葉：中心にある短い茎から葉が放射状に配列し，全体としては平たい円盤状の形となったもの

## 染色体数と核型

2n＝34(Sato, 1942；中村，1967)で，K(2n)＝34＝8L＋14M＋12S の核型を示す。なお染色体の大きさは5.0～2.0μ，大型染色体L群中に2対の第二次狭窄染色体の存在が注目される。*Helonias*(*Heloniopsis*, *Ypsilandra*)属に帰属するすべての分類群が，2n＝34(X＝17)の同一染色体数をもつ(Utech, 1980; Tanaka, 1998)。

## ショウジョウバカマの仲間の分類学的帰属とその分布

アジア産のショウジョウバカマ属 *Heloniopsis* と *Ypsilandra* 属は，Tanaka(1998)により北米産の *Helonias* 属に併合され，現在，学名は *Helonias* に全面的に組み替えられた。なお，河野(河野，1976, 1996；Kawano and Masuda, 1980)は，北米ならびに中国産，日本産植物の外部形態形質の詳細な比較や，花粉形態，染色体数(x＝17)(河野，未発表)などにより，これらの3属が同一属 *Helonias* に帰属することを指摘していた。

*Helonias bullata* は北米唯一の種で，東部に局限した分布域をもつ。日本列島を含む北東アジアからは，*Heloniopsis* 属5種，*Ypsilandra* 属4種が記載されている。Tanaka(1995)による見解では，日本列島とその周辺地域に分布域をもつショウジョウバカマとコチョウショウジョウバカマ(新称)*H. breviscapa*，琉球列島から台湾の北部にかけて分布するオオシロショウジョウバカマ *H. leucantha*，小型でしばしば樹木に着生する琉球列島の固有種コショウジョウバカマ(別名オキナワショウジョウバカマ)*H. kawanoi*，台湾の固有種ヒメショウジョウバカマ(別名シマショウジョウバカマ)*H. umbellata* などである。*Ypsilandra* 属は，中国内陸部からヒマラヤ山系にかけてやや広い分布域をもち，4種が知られていたが，Tanaka(1998)の見解によると，*Helonias yunnanensis*, *H. alpina*, *H. thibetica*(＝*Y. cavaleriei*)の3種が認められている。*Helonias orientalis* の変種とみなされてきたシロバナショウジョウバカマ var. *flavida* は，紀伊半島を中心に近畿一円と広島県，四国の一部にやや集中して分布する。

# Life History Characteristics of *Helonias orientalis* (Thunb.) N. Tanaka (Liliaceae)

Syn. *Scilla orientalis* Thunb.; *Sugerokia orientalis* (Thunb.) Koidz.; *Heloniopsis pauciflora* A. Gray; *Heloniopsis orientalis* (Thunb.) C. Tanaka

The genus *Helonias* (Liliaceae) is one of the representative members of the so-called Arcto-Tertiary origin, with typical disjunct geographical ranges in eastern North America (e.g., *Helonias bullata*, the only North American species), and in eastern Asia, ranging from northern Japan to the Ryukyu Islands and Taiwan (e.g., *Helonias orientalis, H. breviscapa, H. leucantha, H. kawanoi*, and *H. umbellata*). Another genus previously described as *Ypsilandra* known to include four taxa, is now regarded as referable to the genus *Helonias*, i.e., *H. yunnanensis, H. alpina*, and *H. thibetica* (=*H. cavaleriei*).

*Helonias orientalis*, a typical evergreen perennial herb, with rosette leaves, grows from the deciduous forest floor to the alpine meadows, in Hokkaido, Honshu and Kyushu in Japan. Lowland populations occurring on the dark shady closed floor of evergreen Japanese Cedar or broad-leaved deciduous oak and maple forests persist for 9 to 10 months, while low montane populations develop in the understory of Japanese Cedar-beech forests at an altitude of ca. 1,000 m above sea level, where the growing season lasts for only six months. But, subalpine-alpine populations in the alpine meadows persist for only for three to four months before the snowfall begins in the alpine zone.

The seasonal growth patterns of this evergreen perennial are most unique, showing different replacement patterns in foliage leaves which were formed in the past three seasons. Flowering occurs at different times of the year in populations that develop at different altitudes. Lowland populations flower in late March to early April, but montane and subalpine-alpine populations bear flowers in early to mid-summer, June to August.

*Helonias orientalis* is a typical insect-pollinated species. Various insects such as bumblebees, bees, horse flies, and butterflies (e.g., *Xylocopa appendiculuta circumvolans*, several *Bombus* spp., *Eristalomya tenax, Bombylius major*, and *Luehdorfia japonica*, etc.) are attracted by the pink flowers of *Helonias*. Another noteworthy feature of *H. orientalis* is that it produces exceedingly numerous, tiny, thread-like seeds with appendages on both sides (ranging 200 - 5,500 in number per plant). The seeds are wind-dispersed, which is an unusual dissemination system for an evergreen herb growing in the forest. Another outstanding feature of this species is that it produces tiny plantlets at the tip of the oldest foliage leaves just before they decay (Kawano and Masuda, 1980). Survival rates of plantlets (ramets) formed at the oldest (3-year old) leaf tips are obviously much higher than exceedingly minute seedlings, especially in the dark shady lowland forest habitats, and populations in the woodland habitats seem to be maintained primarily by vegetative plantlet formation.

The chromosome number of *H. bullata* is 2n=34, with a basic number of X=17 which is shared with all other species of the genus *Helonias* (Sato, 1942; Nakamura, 1967; Utech, 1980; Tanaka, 1998).

# 植物の種，その生活史を知ることの大切さ
―― 植物の種の実像に迫る ――

## 植物の種と，生活史研究のポイント

　種とは何か，という命題は古典的な生物学，すなわち博物学の時代からの生物学者をつねに悩ませてきた問題である。ある特定の識別形質にもとづいて定義され，その類似性にもとづいて"種"というカテゴリーで括られてきた1つひとつの"ランダムな集合"が，現実に自然界にあっては，それぞれが"固有な繁殖社会"の構成員であるという認識に到達するまでには，ずいぶんと永い時間がかかった(河野，1960)。

　"種"と呼ばれるカテゴリーで括られた一群の個体が，"繁殖"という仕組みを通じてどのように次の世代の担い手を生みだし，持続的に集団を維持しているか，という仕組みは「生活史過程」そのものを意味している。古典分類学の時代には，ある特定の"形質"に見られる類似性，すなわち似ている，似ていない，という単純ではあるが，極めて初歩的な認識のうえに立脚して定義された"植物の種"も，今日では，自然界では例外なく親が子を産み，子はやがて育って親になる，というこの何でもない"繰り返し"を通じてそれぞれが個別的に独立した"繁殖社会"を形づくっている，というこのごくあたり前の共通認識に到達するにいたった。これが「生活史」概念にもとづく生物学的種の定義である。

　植物個体は動物と異なり，"個体"は，それ自体が固着性で動かない。しかし"種"と呼ばれる繁殖社会の構成要素は，"繁殖"という仕組みを通じて種子や果実(ジェネット)，また"むかご"や娘鱗茎などの栄養繁殖体(ラメット)を形成し，分散・定着を果たした個体は，やがて成長・発育して次世代の担い手となる。個々の"種"に帰属する個体は，ある限定された空間のなかで，それぞれ独特な集合状態，すなわち"集団"を形づくる。植物の個体が集合して，ある限定された空間に形づくる"集団"と呼ばれるユニークな構造は，生活史過程を通してそれぞれの地域集団が成立する場所で，個体の数も発育相も時々刻々と変化させる。しかも，個々の植物の"種"と呼ばれる構造単位を持続的に維持するためには，同じ時間に同じ空間で共存するさまざまな昆虫たちや，土壌中の生き物たちとの，もちつもたれつの関係なくしては，その存在が確保できないのである。

　この「植物生活史図鑑」のシリーズでは，正にこの一見何でもないような生活のドラマの繰り返しのなかにかくされている，自然界における多種多様な植物たちの"生存"の仕組みと"進化"の背景にもスポット・ライトをあてることを意図している。

## 植物の個体とは

　植物のように分裂組織が地上シュートのさまざまな部位や地下器官の成長点に局在し，独特な分節構造を有する生物では，"個体"とは何か，がまず問われねばならない。"個体"とは，生存し，生活するうえでの基本的な構造単位であり，一般に体制，機能のうえで独立し，空間的にも不可分の単一体をなしているものを指す。すなわち，生活のために必要にして十分な構造と機能をそなえたものが「個体」であり，また固定した遺伝子の1組のセットによってその発生過程と形質発現が制御されている「統合された構造システム」である，と理解することができる(河野，1996，2001)。緑色植物は，一般に固着性で葉緑素をもち太陽光を捕捉し，必要なすべてのエネルギーを獲得できる独立栄養生物であるから，この機能と結びついて体制，すなわち個々の種に固有な生育型が分化している。

　"個体"のもつもう1つの重要な機能は，一定時間の成長期を経て個体サイズを大きくし，エネルギーを蓄積して性的成熟期に到達すると雌雄両性器官を形成し，次世代個体を形成するための準備を始めることである。要するに，"花の形成"である。この準備に要

ランダムな集合：random assemblage

ジェネット：genet
ラメット：ramet

する時間，つまり前繁殖期間の長さは，いろいろな植物でずいぶんと異なっており，それぞれの種が安定環境に生活の場をもっているか，不安定な変動環境に生活の場があるかによっても，さまざまな成長と繁殖戦略の分化が見られる。

### 性発現の複雑さは，何に起因しているのだろうか

　雌しべ，雄しべは，それぞれ雌機能，雄機能を有する装置である。減数分裂を行ない雌性器官では胚のうを形成し，卵細胞(n)と極核(2n)をつくる。一方，雄性器官である雄しべの葯では花粉(n)をつくる。やがて雄性配偶子と合体して胚乳(3n)と胚(2n)を形成する。しかし，植物体自体は固着性であるが故に，植物の性発現様式は極めて多彩で変化に富んでいるだけでなく，雌雄両性の機能が働く時期にも，じつに微妙なずれを生じさせることによって他殖を促進し，過度の自家受粉を避ける仕組みが分化している。

　性発現の仕組みに見られる多様性は，雄性配偶子である花粉の運搬を物理的な手段(風，水)のみならず，生物的な手段(昆虫，鳥など)にゆだねなければならないこととも，極めて密接に関連している。

　植物の性は，一言でいうと〝多性〟と〝異熟〟ということに尽きる。①同時に雄しべ・雌しべが成熟する同時的雌雄両全性，②個体サイズが小型のときは雄性を発現し，個体サイズが大型になると雌性に切り替え発現する不連続的雌雄両全性，③雄性花と両性花が同じ個体にできる雄性雌雄同株，④雌性花と両性花が同じ個体にできる雌性雌雄同株，⑤雌性花と雄性花が1つの個体にできる雌雄同株，⑥雌性個体と雄性個体が別々にできる雌雄異株，⑦雌性個体と両性花をつける個体が別々にできる雌性雌雄両全異株，⑧雄性個体と両性花をつける個体が別々にできる雄性雌雄両全異株，などに区別できる。

　このように，それぞれ個体ごとに性発現と熟期にずれが生ずることによって，他殖を促進する仕組みと自殖を促進する仕組みとが極めて複雑に絡みあい，植物の性発現の多様性と性機能を最大に発揮する仕組みとなって分化している。

　同じ個体に雌・雄ずいをそなえた花を咲かせ，雌しべと雄しべが同時に成熟するならば，繁殖活動へのエネルギー投資の増大は，確実に交配の可能性を増大させ，繁殖成功率を高める可能性が増すことになる。この様式は，多くの植物にごく普遍的に見られる性型である。一方，同じ個体にできる雄性花と雌性花の成熟時期にずれが生ずるならば，ほかの個体間の交配，すなわち他殖を促進することになる。ごく限られた場合ではあるが，雄性の発現と雌性の発現が個体の齢，またはサイズに依存するような場合は，マムシグサの仲間などに見られる機能的雌雄異株と呼ばれるタイプであるが，性型それぞれの機能とエネルギーを最大限効率的に投資する仕組みと結びついて分化したとみなすことができる。

　こうしてみると，花の性発現と機能にみられるこの驚くべき多様性の秘密は，個体自体が固着性で動かない植物であるが故のユニークな仕組みであるといえそうである。

### 植物の集団をどうとらえるか

　自然界では，多くの植物の種がさまざまな個体数，さまざまな個体密度でいりまじって生育している。しかし，同一の種に属する個体が空間的に形づくる〝集合状態〟，すなわち〝集団〟をどのようにとらえたらよいであろうか。自然界における階層性を考慮すると，地域的，またはより局所的に個体が集合してつくる局所集団(またはパッチ集団)，地域集団(または地域個体群)が，〝種〟を構成する最も基本的な構成単位であるということになる。そこでは繁殖活動，すなわち次世代の担い手をいかにして確保するかという，次世代

---

多性：polygamy
異熟：dichogamy
同時的雌雄両全性：simultaneous hermaphroditism
不連続的雌雄両全性：sequential hermaphroditism
雄性雌雄同株：andromonoecy
雌性雌雄同株：gynomonoecy
雌雄同株：monoecy
雌雄異株：dioecy
雌性雌雄両全異株：gynodioecy
雄性雌雄両全異株：androdioecy

繁殖成功率：reproductive success

維持の仕組みまでを含む"個体"の集合状態(雄性・雌性を発現する個体の数，発育相の異なる実生とそれにつぐさまざまな発育段階の幼殖物，成熟した開花個体などを含む個体の総数，密度，空間分布パターンの違いなど)が取りあげられることになる。野外集団において，一定の面積当たりに共存するさまざまな発育段階の個体，実生，さまざまな個体サイズの幼植物，開花成熟個体の数，すなわち密度と空間配置・構造をつぶさに観察すると，自ずからその集団の成熟度や集団自体の繁殖能力を正確に把握することができる。

## 植物体の大きさ，一世代の長さと繁殖回数の関係

　さまざまな植物の一世代の長さを調べてみると，スギのようにしばしばその樹高が時には 30 m 以上にも達する巨大な針葉樹にみられるような，個体の寿命が 1,000 年を優に超える極めて長年月にわたるものから，スギほどの世代長はないにしても，ブナのような広葉樹のように 250〜300 年は生き続けることができる樹木もある。一方，草木植物でもユリ科植物のカタクリのように長いものでは 30〜50 年にわたり成熟個体が生存する多年草もある。また，ナズナやシロイヌナズナでは，秋に発芽しロゼット葉をつくる冬緑型と，春に発芽する夏緑型があるが，後者ではわずか 2〜3 cm にも満たない極端に小型な一年草で開花・結実し，その一生は 2〜3 週間から数週間という極端な短命で終わる。

　このような一世代の長さと結びついて，それぞれの種の繁殖回数が決まっている。シロイヌナズナのような一年草では，例外なしに 1 回開花・結実すると個体は死亡する典型的な「1 回繁殖型」である。カタクリのような多年草では最低 10 数回は，開花・結実できるし，ブナやスギのような樹木ではさらに繁殖回数が多い「多回繁殖型」の典型である。しかし，落葉性多年草のウバユリ，常緑性多年草のキミガヨラン(*Yucca*)やリュウゼツラン(*Agave*)，常緑の木本性低木のタケ・ササ類は，数十年という長いインターバルで開花・結実する 1 回繁殖型の典型であり，多年生植物のなかにも 1 回繁殖型が数多く存在することがわかる。

　一方，"多年草"と記載されてきた草本植物のなかには，物質収支と個体の更新という観点からみると，毎シーズンの終了時に形成される，分身である 1 個ないし，しばしば数個のラメット(無性繁殖体)は，バラバラになって前年度の母植物の周縁部に散らばって拡がる"擬似一年草"と呼ばれる特異的な生活史過程をとる種が含まれている。本書で取りあげられているヒメニラ(ネギ科)，チゴユリ，ホウチャクソウ(いずれもユリ科)などは正にその典型であり，とりわけヒメニラは特殊化が極まれりともいえる，進化の袋小路にはまったその代表例ということができる。

　これまでの永年にわたる観察から，大多数の多年草は実生から何シーズンかの幼植物段階では例外なしにエネルギー的には自転車操業であり，前シーズンから地下の貯蔵器官に貯めこんだ貯蔵物質，すなわちエネルギーを 100% すべて使い尽くして地上部を形成していることがわかってきた。物質生産の仕組みを通して植物個体がつくる構造とその機能を正確に把握することの重要性が確認されたのである(河野，1979，1984；Kawano，1975，1985)。すなわち，注意深く観察すると，幼植物もさることながら花を咲かせることができる臨界サイズに達した個体でも，例外なく地下貯蔵器官の貯金をすべてはたいて，花とそれを支える支持器官である茎や花序を形成する。こうして結局，母植物は無一文となり消滅する運命となる。しかし，新たに形成された同化器官である葉によって生産された同化産物は，地下ではしばしば異なる部位にランナーを新たに複数形成し，その先端部に形成されたラメットに貯蔵される。地下ランナー内に貯蔵されていた物質も最終的には，す

1 回繁殖型：monocarpy, semelparity
多回繁殖型：polycarpy, iteroparity

擬似一年草：pseudo-annual

臨界サイズ：critical size

ランナー：runner

べて次シーズンの，無性的に栄養繁殖によって殖えていく次世代の担い手であるラメットへとバトン・タッチされていく。毎シーズンこれを繰り返しているヒメニラ，チゴユリ，ホウチャクソウなどは，このエネルギー収支の仕組みと体制の更新とが密接に結びついており，擬似一年草と呼ばれる。一方，林床に生育する多年草のなかには，幼植物段階より開花個体段階までは少しずつ貯蔵物質を増やしながら，臨界サイズに到達すると地下の貯蔵器官である鱗茎の大きさとは不釣りあいに大型の花茎と花序を形成し，いっきにすべての貯蔵エネルギーを消費して数百にも及ぶ種子(ジェネット)を形成し，母植物は死亡する一型がある。1回繁殖型多年草の一例で，林床植物のウバユリがこれに相当する。しかし，ウバユリは母植物体が死亡した際，地下に2〜3個，多いときには数個の娘鱗茎(ラメット)を残し，翌シーズンばらばらになって，幼植物が母植物の周辺に再生する。栄養繁殖系もあわせもつのがその特徴である。

1回繁殖型多年草：monocarpic perennial

### 前繁殖期間の長さ

こうした繁殖回数と結びついて重要なのが，花を咲かせ種子や果実をつくりだせるまでに要する時間(または年数)，すなわち前繁殖期間の長さである。種子や果実から芽生えた実生に由来した幼植物は，経年成長を繰り返し，いくつかの発育相(発育段階)の切り替えの過程を経て，やがて花を咲かせ，次の世代の担い手である種子や果実をつくりだせる段階まで到達する。このように，種子から始まって開花・結実できる段階に到達する時間，年数(初産齢)は植物の種によってじつにさまざまである。ラメット(無性繁殖体)の形成は，同時にこの過程に組み込まれているが，多様な性発現と遺伝的資質のさまざまな組み替えシステムと，あわせて次世代個体を生みだし確保する仕組みとは，多くの場合極めて密接に結びついて分化している。

### 生活史過程で起こるできごと

さて，植物の世代長はいろいろであることがわかったが，その過程でどのようなことが起こっているであろうか。例外なしに，いかなる生物も親は一生のあいだに非常に数多くの子どもを産む。その限りにおいては植物もその例外ではない。樹木でも，草本植物でもじつにたくさんの種子や果実を生産する。しかし，親植物からこれらの繁殖体が散布される過程で，野外条件下では大半のものが失われ，ごく少数の種子や果実だけが地面への定着を果たす。そして，ほとんどのものは一定の休眠期間を経て発芽し，成長を開始し，初めて次世代の担い手としてのスタートをきることになる。同様に，性発現，雄性・雌性配偶子の再組み合わせをともなわない〝無性繁殖〟によるラメット形成も，ある特定の空間を占拠する個体数の確保にとっては，しばしば決定的な意味をもっている。親から分離・独立するラメットの数はさまざまであるが，地域集団の存続にとって要の役割を果たしている(ヒメニラ，チゴユリ，ホウチャクソウなどの本文参照)。

繁殖体：種子・果実の総称

### 植物の繁殖体分散の仕組み

一般に，植物の繁殖体である種子や果実は，親植物からできうる限り遠くへ散らばり，定着を果たすための仕掛けをもっている。風や水のような物理的な力で分散を果たす植物の種子や果実は，空気抵抗を生みだし，風に運ばれやすい羽や翼をそなえている。キク科植物に多い落下傘状そう果，樹木のカエデの仲間や熱帯の高木層の構成種であるフタバガキに見られる翼状果がその典型的なものであるが，羽毛状の毛をもったガガイモ科植物の

種子や，微細な塵状種子をつくるタヌキアヤメや，シランを含む多くのラン科植物も，正にその代表である。また，湿地や河川の氾濫原に生育する植物では，種子や果実は水に浮きやすい微小で軽い構造を有していたり，コルク質の浮水組織が分化しているのが普通である。

　鳥や哺乳類など，さまざまな動物も植物の種子や果実の散布に一役かっている。動物の体に付着しやすい針や鉤をもったキク科のオナモミやアメリカセンダングサ，粘液をだして動物に付着するノブキやミミナグサの種子などは付着型動物散布種子の代表である。採餌の折に鳥のくちばしなどに種子が付着して散布される被食付着散布型もある。また，堅い種皮につつまれた種子が動物の消化管を経由して排泄・散布されるもの，果皮が赤，ブルー，黒などに着色し誘引シグナルが分化し，さらに動物にとって養分となる糖やアミノ酸などの物質を果肉に豊富に蓄えて動物に散布させる摂食活動適応型もある。また，種子の末端に形成されたエライオソームと呼ばれる突起に脂質や糖，さらに高級炭化水素のようなフェロモン擬似物質を多量に含み，アリに運搬させるアリ散布型種子なども知られている。このように動物散布型種子はじつに多彩な分化をとげている。

エライオソーム：elaiosome

　また，果実の組織が乾燥によって収縮し自動的に種子をはじきだすような射出型の機械的散布型や，特別の仕掛けをもたないが種子や果実自体の重量で落下するような重力散布型までいろいろと分化している。元来固着性の植物が次世代個体の分散と定着に極めて多彩な仕組みをつくりだしていることがわかる。

## 散布された種子や果実の運命

　いろいろな手段で運搬され，土壌中に定着を果たした植物の繁殖体は，多くの場合，休眠状態で一定の期間を土中で過ごす。土壌中に埋積され，休眠した状態の種子の集まりを「埋土種子集団」と呼ぶ。このようにして土壌中に埋積された種子や果実は，一部は土壌動物によって食害されたり，菌類によって分解されたりして，その数はしだいに減少する。種子には，通常，花粉管内で分裂してできた2個の精核が花粉管の伸長とともに胚のうまでたどりつき卵細胞と合体してつくる2nの受精卵(胚)と，胚のう中の2nの極核と合体した3nの胚乳からなる胚乳種子，そして，受精が完了した後に胚乳が退化し，子葉に託した無胚乳種子とがある。

埋土種子集団：soil seed pool

　土壌中の種子の休眠期間も，いろいろである。タイマーでセットされたように一定期間は休眠からさめない種子もあるし，掘り起こされたりして水と光さえ与えられると簡単に休眠からさめてただちに発芽を開始する光発芽種子もある。また，キンポウゲの仲間の種子のように，未成熟胚の状態で散布され，土壌中でゆっくりと胚発生が進む後熟種子もある。さらに，一部のランの種子のように土壌中の微生物との共生を果たし，胚発生が完成するものもあるから，親植物から分散した後の種子の振る舞いはじつにさまざまである。

後熟種子：after-ripening seed

　同時に，種子が散布・定着を果たしてから後の土壌環境もじつに重要である。

　低温，高温，乾燥，過湿などの環境要因，つまり種子の発芽に不適な状態が持続する場合は，いわゆる強制休眠の形で種子の休眠は持続することになる。3,000年以上も前の縄文の遺跡から出土した"かめ"のなかの種子が，発掘後，光と水を与えられて突然発芽して私たちを驚かせることもあるが，これは人間が関与した強制休眠の一例であろう。

## 密度効果と発育相の変化

　ともあれ，こうして母植物から分離して散布され，土壌中で休眠状態でとどまる種子集

団の大きさは，好適な環境条件下において発芽を開始し，地上にその姿を現わした実生集団の大きさを直接決定づけることになる。一般に種子から発芽し，成長を開始した幼植物は，異種の植物個体はもとより同種の，しかも同じ親由来の個体とも光，水，栄養塩類などをめぐって激しい競り合いを演じることになる。

とりわけ野外集団においては，この過程を通じて急速に個体数の間引きによる減少が引き起こされる。このような生育環境の厳しさを反映して，発育相の変化も順調には進まず，同じ段階を行ったり来たりして足踏みすることになる。一年草の場合は，このような外的条件による成長の遅滞は，その個体にとっては致命的な影響を及ぼすことになり，繁殖器官である花を咲かせることもできず，枯死する運命となるものも多い。

これに対し，多年草や木本植物の場合は，ある発育段階において足踏みをしながらも好適な条件が来るまで同じ発育相にとどまる。草本植物でも長いものでは10年以上にわたり同じ発育段階にとどまったままであったりする。本書でくわしく述べたユリ科植物，多年草のカタクリでは，暗いスギ人工林の林床では20年以上にわたって同じ発育段階の1枚葉の段階にとどまっているものが大半であることが，長期のモニタリング調査の結果，観察されている。

樹木では，被圧された条件下ではいわゆる〝オスカー現象〟を引き起こし，20年以上にもわたって同じ発育相にとどまり，林冠に破れ目ができるまでその状態で生存している事例も知られている。これこそ正に，〝待ちの戦略〟である。このように，多年草や樹木では個体の大きさ，発育段階とその年齢とのあいだには明瞭な相関に欠ける場合がままある。このように植物の発育過程では，可塑性（または可変性）が極めて大きく，動物の場合とは異なり齢構成とサイズ構成とのあいだに大きな〝ひずみ〟を生みだすことが多い。

植物のもつ体制上の特徴は，一言で表現すると分裂組織が成長点に局在するので，成長点組織をもつ分節(モジュール)構造が1つの構造単位をなすという点にある。この分節構造を有するが故に，先に述べたような密度ストレスを受けた際にも動物とは異なる極めて大きな可塑性，可変性を示すことになる。要するに，地下で根茎やランナーが分断されたり，枝の一部が接地したりするとそこから発根し，やがて分離して独立した個体になったりする。

### 植物の性発現，交配システムと繁殖体生産

個体自体が固着性で移動できない植物の性発現と交配システムの特徴は，それぞれの〝個体〟は，分裂組織を単位とした分節(モジュール)構造を有し，雌性器官，雄性器官が1つの個体内，1つの花序内のさまざまな部位，さらに1つの花のなかにおいてもさまざまな組み合わせで発現されるので，複雑な多性状態が生みだされ，あわせて雌雄両性器官の熟期がずれることによって，さまざまな組み合わせの交配が行なわれ，遺伝子プールの再構成が確保されることにある。正に，動物でいわれるところの〝乱交配〟は，植物ではむしろごく普遍的ともいえるものであり，固着性の生物ならではの本質がそこにはある。

花粉内に含まれる精核，すなわち雄性配偶子の移動は，風，水などの物理的手段によるか，昆虫，鳥類，哺乳動物などの生物的手段によるかなど，大半は完全に外的要因に依存しているので，さまざまな組み合わせの交配によってもたらされた，異なる新たな遺伝子型のジェネット(有性繁殖体)を生みだす効果は絶大である。一方，花粉の運搬手段による制約は，その分散の範囲を比較的狭い範囲に限定し，しばしば雄性配偶子の損失を極めて大きなものにしている。植物がもつ特有な性発現，多性と雌雄異熟(雄性先熟と雌性先熟

---

オスカー現象：ギュンター・グラスの戯曲，「ブリキの太鼓」の主人公の〝こびと〟で，オスカー症候群と呼ばれ，年齢を重ねているが，子どものままいることを好み，3歳の年齢にとどまっている。

待ちの戦略：waiting strategy
可塑性：plasticity

乱交配：promiscuity

雌雄異熟：dichogamy
雄性先熟：protandry
雌性先熟：protogyny

の両型がある)のもつ意味は，新たな遺伝子の組み合わせをつねに確保するというところ
にある。

　このような個体性，雌雄性の発現様式を反映して，繁殖体形成のエネルギー的コストは
極めて高くつく。また，繁殖器官が植物体のどの部位に形成されるか，花の形成部位，開
花する順位によっても種子，果実の大きさや稔実率に大きな影響がでる。いわゆる"部位
効果"と呼ばれる現象である。　　　　　　　　　　　　　　　　　　　　　　　部位効果：position effect

　一方，植物には閉鎖花と呼ばれる特異的な花の存在が知られている。一見蕾のような状
態の花は開かず，花粉は葯内で発芽し，花粉管は葯壁を突き破って伸長し，雌しべの柱頭　　閉鎖花：cleistogamy
に到達し自動自家受粉する特殊な場合である。スミレ属のアオイスミレのように，早春の
送粉昆虫がまだほとんど活動していない時期に地上に閉鎖花を形成するものや，マルバツ
ユクサ(ツユクサ科)やミゾソバ(タデ科)のように地下にランナーを伸ばし，その先端に閉
鎖花(地下結果)を形成するような場合も知られている。　　　　　　　　　　　　　　閉鎖花(地下結果)：geocarpy

　こうした多様な繁殖システムと結びついて，植物が1個体当たりに形成する繁殖体数も，
種によってじつにさまざまである。また，同一種の個体サイズはしばしば生育条件によっ
て極めて大きなばらつきを示し，植物体は，何十倍の大きさになったり，その逆の場合も
ある。可変性(または可塑性)が極めて大きい。当然のことながら，樹木のように巨大な個
体では何万どころか，何十万もの種子や果実が個体当たりに形成されることになるが，ナ
ズナやシロイヌナズナのような小型の一年草では，個体当たりせいぜい数個前後の種子が
つくられることもごく普通である。しかし，小型の一年草であっても地域集団の大きさい
かんによっては，地域集団全体として形成される繁殖体の総数は決して少なくはない。

## 集団の維持機構としての無性繁殖の役割

　植物に固有な繁殖システムに無性繁殖がある。しかし，一口に無性繁殖といってもじつ
に多様な仕組みが分化しており，有性繁殖の仕組みとは違った意味で地域集団の維持に果
たす役割はしばしば決定的でさえある。無性繁殖にはいろいろなタイプが含まれる。単子
葉のユリ科，ネギ科，ヒガンバナ科のように地下の貯蔵器官である鱗茎，球茎，根茎，塊
茎などから分球したり，分枝したりして親植物の周辺に娘個体(ラメット)を分離するのは，　　ラメット：ramet
栄養繁殖の典型的なタイプである。本書で取りあげているユリ科植物のショウジョウバカ
マのように，枯死する前の常緑葉の先端部から幼植物を分離して殖えるような特異的なも
のもある(Kawano and Masuda, 1980)。ネギの仲間では，娘鱗茎を同時に複数形成し，
1シーズンのあいだに20個以上に殖えるものもある。イネ科植物の大半の種では，根ぎ
わで活発に分げつし，やがて株分かれするのはごく普通であるが，高山・極地に分布する　　分げつ：tillering
イチゴツナギ属の *Poa bulbosa* やウシノケグサ属の *Festuca vivipara*，そしてコメスス
キ属のヒロハノコメススキ *Deschampsia caespitosa* のように，花穂の雌・雄ずいが退化
し，"むかご"化して栄養繁殖するものもある(Kawano, 1966)。

　よく観察してみると，活発に自らの分身を無性的につくって殖えるこれらの種は，有性
繁殖による次世代個体の確保が必ずしも高い確率で保証されないものや，高山や極地のよ
うに生育期間が極端に短く，有性繁殖による次世代個体の確保が必ずしもよく機能しない
ような厳しい環境中に生育する植物に数多く見られる。

　しかしながら，このような無性的に個体数を殖やす仕組みは，必ずしも草本植物だけに
限られているわけではない。木本性の種でも，低木のバラ科のキイチゴの仲間ではモミジ
イチゴ *Rubus palmatus* var. *coptophyllus*，ニガイチゴ *Rubus microphyllus* のように

地下で分枝したり，ナワシロイチゴ *Rubus parvifolius* のように匍匐枝(ほふくし)を伸ばし，地上で分枝し，やがてそれぞれが分離・独立してまたたく間にある空間を占拠したり(Suzuki, 1987)，高木でもポプラの仲間やアメリカブナ *Fagus grandifolia* のような極相林の構成種となるような樹種においても，走出枝を四方八方へと張りめぐらし，空間を占拠しながらやがて親株から分離し，独立するものも知られている(Kitamura et al., 2003)。

　植物が示す無性繁殖システムは，狭義の栄養繁殖を含めて極めて多種多様な分化を示す。地下に形成される栄養器官は根系と一体となって，植物体の地表面における固定と，個体の生存に必須の水，栄養塩類の吸収・確保の役割を果たすとともに，生活空間の占有・確保と他種個体の侵入の排除，個体密度の維持，特定遺伝子型の持続的保存にも大きな役割を果たしている。

　このように，植物のさまざまな種の生活史過程と次世代個体の補充機構の分化パターンをつぶさに調べてみると，高木，低木，多年草，一年草などの生育型や生活型の著しい分化とは直接関連することなしに，それぞれの植物群において極めてユニークな「生活史戦略」の分化が認められる。

　自然界において，このように独立し，固有な「生活史戦略」をそなえているのが〝種〟と呼ばれる生物学的構造単位であり，私たちがそれぞれ〝種〟として認識している，今日，地球上における正に客観的な〝存在〟なのである。本シリーズに盛られている，個々の植物の生活史特性に関する全体像の把握が，正に〝植物の種〟の実像に迫る1つの有効なステップとなろう。

# 用語解説

[あ行]

**1回繁殖型**(monocarpy, semelparity)

　種子より発芽し，経年成長を繰り返し，やがて一定の個体サイズ(biomass)に到達すると開花・結実する植物を指すが，植物のなかには，一度開花・結実するとその個体は死滅するタイプがある。多年生植物のなかにも，ウバユリやリュウゼツラン(*Agave*)，イトラン(*Yucca*)など，またタケ・ササのような木部組織をもつ低木の場合もこれに相当する。タケ・ササでは開花はいっせいに行なわれるが，地下で連結している開花しない地上シュートも枯死する。多年生草本では，ウバユリなどのように，なかには開花前，または開花とほぼ同時に分離した地下部(娘鱗茎や地下シュート)が新たなラメットを形成し，生き延びる場合がある。一般に一年草はすべて1回繁殖型ということになるが，自明なのでこの場合は含まない。

[か行]

**開放花**(chasmogamy)

　通常花ともいう。花弁を正常に開き，同一種のほかの個体から物理的手段(風，水など)，または生物的媒介者(昆虫など)によって花粉が雌しべの柱頭に運ばれて，受粉・受精が果たされる花を指す。自花和合性(self-compatible)の花では自家受粉も可能である。

**擬似一年草**(pseudo-annual)

　母鱗茎または母根茎は，当年目の地上部を形成する際に，毎シーズン貯蔵物質を消費し尽くしてその個体は完全に消滅し，異なる部位に形成された1個，ないし複数個の地下器官に転流された光合成産物で，個体を再生する仕組み。多年生草本では，一般に種子から始まる経年成長過程では，光合成産物を地下貯蔵器官にしだいにより多く貯蔵し，一定の個体バイオマス，すなわち臨界サイズ(critical size)に到達して初めて開花・結実するものが一般である。しかし，種子から発芽後の成長過程を通じて，物質経済の観点から個体サイズと，とくに地下器官の形態・構造，ならびに同化産物の生産・貯蔵，消費のパターンを年間を通しての季節消長としてみると，いわゆる〝多年草〟と呼ばれている植物のなかには，地下の鱗茎，または根茎に前年度に生産・貯蔵され光合成産物は，次シーズンの地上植物体を形成する際にすべて使い尽くし，毎シーズン個体を再生しているものが多いことがわかってきた。とりわけ，幼植物段階では，物質収支からはほぼ例外なくすべての貯蔵物質の消費，再生産，再貯蔵のパターンを繰り返すものが大半である。この現象は外部形態の外見的変化を見ただけではわからないが，構造と機能の両面からみると，〝個体〟は，毎シーズン完全につくり直されることになる。〝個体〟とは，形態・構造のみならず，生理・機能のうえでも独立し，完結した〝系〟(システム)である，と理解することが重要である。多くの〝擬似一年草〟と呼ばれるタイプの植物では，当年目の地上部植物体の形成にすべての地下器官内の貯蔵物質を消費し，異なる部位に形成される地下貯蔵器官に，新たに光合成により生産された同化産物を貯蔵し，1個ないし複数の個体を再生する(たとえばエゾエンゴサク，ヒメニラなど。栽培植物のジャガイモは，そのよい一例である)。要するに，シーズン終了時には，母植物体は完全に消滅し，再生するタイプである。地上部では正常に花芽形成し，やがて開花し，自殖または他殖による種子または果実形成をするが，一方で，種によっては母植物の地下器官のすぐ脇に娘鱗茎を1個または複数個形成したり，または地下ランナーを1本，また数本だしてその先端部に娘個体を形成する場合もある(たとえば本書のヒメニラ，チゴユリ，ホウチャクソウなどを参照)。

**交配システム・交配様式**(breeding system)

　植物の性発現は，極めて多様である(「性型」の用語解説参照)。性発現の多様性は，同一種個体間の他殖を促進し，遺伝的多様性の維持に貢献している。植物体は固着性であるから，しばしば同一種内集団を構成する個体が，それぞれ機能的にも多様な性型を発現することよって，より高い確率と効率で繁殖体(種子，果実)の生産を確保している。雌雄両全性であっても，雌

雄異熟の場合は集団全体としては，個体レベルでの性発現はずれているのが普通である。また個体がつくる花序内の複数の花がいっせいに咲くわけではないので，結果として機能的には多性状態となっている。一方，極めて不安定な撹乱環境（たとえば河川の氾濫原，砂漠などの乾燥地）では，自家受粉，すなわち自殖(selfing, inbreeding, autogamy)によって，確実に種子形成が確保できる仕組みも分化している。

[さ行]

**サイズ構造**(size-class or size structure)，**発育段階構造**(stage-class structure)，**齢構造**(age-class, age structure)

　同一種の野外集団構成個体を調べてみると，例外なく，さまざまな発育段階，発育相の個体，すなわち実生，さまざまなサイズの無性幼植物個体，開花・結実できる成熟個体がいりまじって集団を構成しているのが普通である。とくに，寿命が長い木本植物では，その植物体サイズにも極端に大きなばらつきがあるだけでなく，齢構成という点からみても百年単位を超えて，千年単位の個体差がある場合がある。しかし，絶対的年齢をすべての個体に関して知ることは不可能であるが，成長・発育段階の1つの指標となりうる，葉の枚数，植物体の大きさを基準として，単位面積内に生育する集団の構造を調べることは可能である。サイズ構造，発育段階構造を調べることによって，地域集団のおおよその齢構成，有性・無性の繁殖システムの機能・効率などを知ることができる(Kawano, 1975)。

**ジェネット**(genet)，**ラメット**(ramet)，**クローン**(clone)

　John Harper(1977)は，植物体に分枝して形成される部分はやがて独立し，新たな個体を形成する潜在的ポテンシャルをもつので，それらをラメットと呼び，一方，有性繁殖で形成された新たな種子，または果実をジェネットと呼んだ。要するに，ジェネットは，有性繁殖により形成された種子，果実などの有性繁殖体の総称であるのに対し，ラメットは，分枝した植物体の一部が分離・独立する場合の総称で，そのなかには，さまざまな栄養繁殖により無性的に形成された"むかご"，"娘鱗茎"，"娘根茎"などの無性繁殖体形成が含まれる。集団内における個体数の変動や消長を研究する集団生物学的研究においては，有性，無性繁殖由来とは無関係に，構造的・機能的に完結した系としての"個体"の認識が基本である。クローンは，通常は母植物とまだ連結状態を維持し，機能的に独立した構造単位ではないので，適応度(fitness)が評価される"個体"とは厳密な意味では同義でない。

**資源分配・資源配分**(resource allocation)

　植物は一般に種子からの成長過程を通じて，光合成による同化産物を配分して器官形成を行なうが，最終的には次世代個体を再生する繁殖活動（有性，無性の両方を含む）を通じて，自らの同化産物をさまざまな仕組みで，さまざまな割合で配分する。その配分様式，配分量はさまざまであるが，個々の種に固有な配分戦略が分化しており，そのパターンは進化的帰結とされる。しかし，生産される資源は有限であり，しばしば成長，繁殖活動において配分・利用できる資源の制約が，個体の大きさ，器官形成，形成される繁殖体の大きさや数，またその形成速度を律則している。資源制限(resource limitation)が，働く場合である。

**性型**(sexuality)

　植物の性を一言で表現すると，多性(polygamy)と雌雄異熟(dichogamy)である。一般に，1つの花に雌しべと，雄しべをもつ両性花が圧倒的に多いが，個体ごとに形成される花のタイプと性発現の様式は極めて多様で，複雑である。また，機能別に類別すると(1)他殖を促進する機構と，(2)自殖を促進する機構の2つになる。性型を列挙すると以下の，①同時的雌雄両全性(simultaneous hermaphroditism)(♂♀)：同一個体に雌しべ，雄しべの両方をそなえた花で，両方の成熟は同時に起こる。したがって，繁殖活動へのエネルギー投資の増大は，交配のチャンスを増大させ，繁殖成功率(reproductive success)を高める。多くの植物にみられる普遍的な性型である。②不連続的雌雄両全性(sequential hermaphroditism)(♂→[♀]→♀)：同

一個体における雌性器官，雄性器官の成熟時期にずれを生じることによって他殖を促進する。雄性または雌性の発現は，個体の齢またはサイズに依存する。最も特異的な場合は，性転換する植物としてよく知られるテンナンショウ属型の機能的雌雄異株(functional dioecism)である。③雄性雌雄同株(andromonoecy)(☿♂)：同一個体に，雄性花と両性花が形成される。他殖を促進するが，同時に自殖も可能である。④雌性雌雄同株(gynomonoecy)(♀☿)：他殖を促進するが，同時に自殖の可能性も維持している。⑤雌雄同株(monoecy)(♂♀)：他殖を促進するが，自殖もかなりの高率で起きる可能性がある。⑥雌雄異株(dioecy)(♂)(♀)：雌性個体，雄性個体は独立で，他殖型の典型である。雌性個体の一定の繁殖成功率の維持には，高いエネルギー代価が必要である。⑦雌性雌雄両全異株(gynodioecy)(♀)(☿)：他殖を促進すると同時に自殖による繁殖体形成も確保する。雌性器官，繁殖体の動物による摂食による損失を補償する。⑧雄性雌雄両全異種(androdioecy)(☿)(♂)：他殖を促進する機構。昆虫などによる過度の摂食圧から雄性配偶子の損失を補償する。

**生活史過程**(life history process)

　　植物は，一般に有性繁殖の結果形成された有性繁殖体(種子，または果実)，または無性繁殖の結果形成された無性繁殖体(むかご，娘鱗茎，娘根茎などのラメット)により次世代の担い手を確保し，集団の持続的維持が果たされている。この過程は，異なる種によって，また同一種集団においても立地環境の違いを反映してさまざまであることが多い。種レベルでみると，これが生活史特性の違いとなって認識できることが多い。ここで〝むかご〟と呼ぶものには，イネ科やネギ科植物の生殖器官である花の機能を喪失し栄養芽化した無性繁殖も含んでいる。必ずしも地下貯蔵器官の一部に娘鱗茎を形成し，分離・独立するような場合だけではない。『植物生活史図鑑Ⅱ』の「保全生物学の考え方」解説中の図1に示した「流れ図」は，これらすべての場合を包含して描かれている。

**生活史戦略**(life history strategy)

　　世代長，繁殖回数などと結びついたさまざまな生活史の分化が植物には見られる。そのなかには，一年草，二年草，可変的(性)二年草，1回繁殖型多年草，多回繁殖型多年草，擬似一年草，また落葉性，常緑性など，光合成系の新旧交代のパターンとセットになって，多様な〝生活史〟の分化が認められ，個々の種はそれぞれ固有な〝生活史戦略〟によって特徴づけられる。

**前繁殖期間**(pre-reproductive period)

　　種子または〝むかご〟，娘鱗茎などの栄養繁殖体から始まる生活史過程のなかで，性発現し，開花・結実できる有性段階に到達するまでの時間的な長さ(年数，日数など)を指す。ちなみに，一生の長さが2カ月程度の一年草では，前繁殖期間の長さは10日から15日間と短いのに対し，林床に生える春植物多年草(「春植物」の用語解説参照)のカタクリ(ユリ科)では，最短で7年，平均10年であり，またブナのような樹木では，最低でも数十年，あるいはそれ以上の年数がかかる。

**送粉システム・送粉様式**(pollination system)

　　固着性の植物では，次世代個体を生みだす繁殖活動の前駆段階で，まず雄性配偶子，精核を含んだ花粉の運搬が必須の前駆段階であるといえる。風，水などの物理的手段，昆虫，鳥などの動物に依存する生物的手段などいろいろとあり，風媒花，虫媒花などとそれぞれ呼ばれている。この場合，花粉の運搬にかかわる動物は送粉者(pollinator)と呼ばれる。

[た行]

**多回繁殖型**(polycarpy, iteroparity)

　　いわゆる多年生草本や樹木一般にみられる生活史のタイプ。種子から発芽して，何シーズンにもわたる経年成長を経て性的成熟(臨界サイズ critical size)に到達すると開花・結実するが，一度，一定の個体サイズに達すると何年にもわたり開花・結実を続ける植物を指す。ただし，本書で取りあげているカタクリのように，草本植物のなかには一定の個体サイズに到達しても，

その後，必ずしも毎シーズン継続して開花・結実できない植物も多い。貯蔵器官である地下の鱗茎内の貯蔵物質の光合成による蓄積，消費のバランスにより，開花・結実によって貯蔵物質の消費量が多いと，次シーズンには花芽を地下の鱗茎内に形成することができない。木本植物のなかにも，ブナなどでよく知られる隔年開花・隔年結果するいわゆる"成り年"(mast year)現象がある。その仕組みは草本植物とは必ずしも同じとはいえないが，次世代個体生産のための特異な繁殖戦略であるといえる。

**地理的クライン**(geographical cline)
　特定の植物種の地理的分布域内の集団構成個体が示す変異性に，一定の方向性をもった変異が認められる場合をいう。日本列島の植物で有名な例としては，ブナのような樹木，マイヅルソウやツクバネソウのような林床性多年草の葉の大きさに見られる地理的変異があげられる(萩原，1977；Kawano et al., 1968；河野ほか，1980 参照)。

**盗蜜**(nector-robbing)
　虫媒送粉する植物は，花粉の運び屋である昆虫を花へ引きつけるためのさまざまな装置，シグナルを分化させている。多様な色彩，独特な花序への花の配置，密度(たとえばキク科の頭状花序など)，また花弁の独特な形態と結びついた蜜腺の分化なども，送粉昆虫の学習能力と結びついて重要な意味をもっている。一方，相互適応(coadaptation)の帰結として，花冠の大きさ，花弁の奥行きの深さや形状と昆虫の体型，大きさ，ならびに口吻の形態とは，花粉の運搬を昆虫に依存する側の植物と，花粉の運搬を請け負う昆虫の種により，明らかに相互に結びついた多様な分化をとげている可能性を示す例が多い。しかし，学習能力にすぐれたマルハナバチなどでは，正常に花冠の正面から吸蜜を試みても，蜜腺の位置が花冠の底部深くにあり直接吸蜜できない場合，彼らは，すばやく花の裏側へ回り，蜜腺の位置に錐のような鋭い口吻をずぶりと差し込んで吸蜜する。花の側からすると，なんら送粉には貢献することなしに，花蜜だけを奪われることになる。

**同齢集団**(cohort)
　同時出生集団ともいう。地域集団を構成している個体が，すべて同一の齢個体からなる場合で，一年草ではこれに該当する場合があるが，多年草や樹木集団では，異なるサイズ，齢個体からなる場合が一般であり，現実には存在しえない。しかし，一年草の場合でも，土壌中に休眠状態で存在する埋土種子集団(用語解説参照)の形成された年代は，むしろ異なっている可能性があり，厳密な意味での同時出生集団，同齢集団は，人工集団以外では存在しえないともいえそうである。

[は行]

**春植物**(spring plant, spring ephemeral)
　北半球の中緯度温帯圏には，第三紀起源のブナ，ミズナラ，カエデなどからなる典型的な落葉広葉樹林帯が3箇所にまとまって存在する。北米東部五大湖地方から南部グレート・スモーキー地域〜オザーク地域，日本列島から朝鮮半島を経て中国四川，雲南の一帯，北西ヨーロッパの一帯である。早春，典型的な落葉広葉樹林帯の林床には，雪解けと同時にいっせいに地上に葉を展開し，開花する一群の草本植物群が存在するが，その総称である。わずか2週間ほどのあいだに，カタクリ属，エンレイソウ属，イチリンソウ属などの鮮やかな早春の花の季節が形づくられる。

**繁殖戦略**(reproductive strategy)
　顕花植物(以降，"植物")は，その世代長(年数)，繁殖回数，有性，無性などの異なる繁殖様式を分化させて，集団の持続的維持をはかっている。元来，固着性である植物にとっては，有性繁殖体(種子，または果実)を形成するに際して，雄性配偶子(精核を含んだ花粉)の運搬を，風や水のような物理的手段のみならず，昆虫や鳥(またはコウモリなど)の動物にゆだねているが，動物たちを花へさそうための装置(赤，黄，紫など，さまざまな色彩，また花弁にフラボ

ノイドを形成，蓄積して紫外線を吸収し，その吸収斑より紫外部の波長を知覚できる膜翅目の多くの昆虫に蜜腺の位置を知らせるための仕掛け，蜜腺の分化など)を分化させて，次世代個体生産の可能性を，より確実なものにしている．また，雄性配偶子を一度，花外へ放出することなく種子形成する特異的自殖システムである閉鎖花(cleistogamy)は，花序，葉腋，地下ランナーの先端部など，じつにさまざまな位置に形成され，繁殖体の形成と定着を同時に確保する独特な繁殖様式である．一方，花で形成された種子や果実の分散をはかり，同時に定着を確保するための，さまざまな形質の分化が見られる．さらに有性繁殖による次世代個体の確保が極めて低い種では，代替システムとしての多様な無性繁殖システム(むかご，娘鱗茎，娘根茎など：daughter ramet)の分化が認められる．これらの多様な次世代確保のさまざまな仕組みは，それぞれの種が特異的分化をとげた進化の所産でもある．

**繁殖投資**(reproductive allocation)
　　植物が次世代個体を形成するに際しては，繁殖の装置である〝花″をまずつくらねばならない．また，昆虫などの送粉者に花粉の運搬を依存する虫媒花の場合は，彼らを花へ誘引するためのシグナルの分化が必要となる．植物が生産したエネルギーをそのためにどのような形態で，どのような割合で投資するかは，次世代個体の確保にとって極めて重大である．乾物経済(「物質(乾物)経済」の用語解説参照)の尺度をもって繁殖投資を，前繁殖段階である開花期，後繁殖段階である結実期で定量的に測定することは可能である．この場合は，植物体を構成器官ごとに解体して，乾物経済の観点よりその分配率を算出し，相対的に投資率を割りだすことができる(Kawano, 1975)．

**P/O比**(P/O ratio, pollen：ovule ratio)
　　1個の花当たりの生産花粉数を花当たりの胚珠数で割った値．一般に風媒，または水媒送粉では，1個の胚珠当たりに生産される花粉数は非常に多く，動物媒，とりわけ学習能力の高いマルハナバチなどの昆虫に送粉をゆだねる場合は，少なくなる傾向がある．また，一般に開放花(chasmogamy)で多く，閉鎖花(cleistogamy)では非常に少ない(Cruden, 1977)．

**フェノロジー**(phenology)
　　植物の成長・発育・繁殖は，固着性であるが故に個体が定着を果たした場所，集団が形成されている場所の物理的・生物的環境に大きく影響される．同一の気候帯であっても，生育の場は限りなく多様であるから，成長開始の時期，開花・結実などの繁殖活動は，集団が成立する場の立地条件に左右される．とはいっても，気候条件は植物の成長開始時期，樹木の展葉時期，開花・結実時期を，多くの場合決定的に左右しているのが普通である(Kawano, 1975, 1985；河野，1984a,b)．

**物質(乾物)経済**(dry matter economy)
　　生産生態学(production ecology)の手法の1つで，植物の成長解析を定量化するに際して，植物体を熱風乾燥器で乾燥し，遊離の水を取り除き乾燥重量を土台に植物体各器官への分配率を算出する．生殖器官である花，繁殖活動の結果形成された繁殖体(種子，または果実)への分配率より，繁殖活動へ植物が生産したどの程度のエネルギーを投資しているかを定量的に測定，比較することができる．同一系統群内の種，同一群集内の種などを対象とした広汎な解析研究の成果がある(Kawano, 1975, 1985参照)．

**平均余命**(life expectancy)
　　期待寿命ともいう．一群の同種個体が出生後の時間的経過につれて，どのように個体が死亡・減少していくかを定量的に記載したものは生命表(life table)といわれる．生命表を作成することによって，ある限定された空間内における集団構成個体の経時的な動態を定量的に把握することが可能となる．野外集団の経時的変化に関して，初期個体数($lx$)，一定時間内の死亡個体数($dx$)と死亡率($qx$)などが定量的に把握できれば，集団構成個体の平均余命(期待寿命)の算出が可能となる．カタクリの20年以上にわたる集団のモニタリング調査により，平均余命を算出すると約50年であることが判明している(Kawano, 1985; Kawano et al., 1987;

河野ほか，未発表)。

[ま行]

**埋土種子集団**(soil seed pool)
　いかなる植物の種であっても，樹木，草本を問わず形成された種子(果実)は，母植物から散布され，一度は必ず土壌中でその長さはさまざまであるとしても，一定期間休眠状態でとどまるものが多い。休眠の深さ，長さは，さまざまな内的・外的要因により制御されているが，土壌中に生存する休眠種子集団を埋土種子集団と呼ぶ。

[や行]

**葉緑体ゲノム**(chloroplast genome)
　葉緑体が保有する独自のゲノム。環状2本鎖のDNAで，120〜180 kbp程度の塩基からなり，一般に，1対の逆方向反復配列(inverted repeat)によって，長短2領域に分割されている。葉緑体ゲノム中の遺伝子群の内，*matK*遺伝子，*rbcL*遺伝子などの内包する分子情報は，今日，植物の分子系統学的解析に常用されている。

[ら行]

**林床植物**(forest floor plants)
　ここで対象として取りあげる"林床植物"とは，温帯林の林床に主たる生活圏のある植物群を指す。北半球の中緯度地方，とくに北西ヨーロッパ，日本列島から中国の四川・雲南へと連なる北東アジア，そして北米東部には，落葉広葉樹を主体とする独特な森林が発達する。ここでの"林床植物"の起源をたどると，その多くは古く新生代第三紀にまで遡り，ブナ，ミズナラ，カエデなどからなる典型的な落葉広葉樹林の林床には，この環境に適応した極めて数多くの分類群に帰属する常緑低木，草本植物，落葉低木，草本植物が生育する。これらの種群のなかには，第三紀起源の遺存種も含まれ，またそれらのグループから派生的な分化をとげたとみなされる種も多数含まれている。同一環境に共存する異なる分類群，同一分類群の比較生態学的研究の成果から，種レベルでいかなる多様化と適応的分化が引き起こされて今日までいたったかに関する科学的情報を得ることができる(Kawano, 1985参照)。
　日本列島および北米東部のアパラチア山系の温帯域の低地平野部，丘陵帯，低山帯は，氷期においても氷河の直撃を受けていない。こうした過去の気候変動を反映して植物の垂直分布に変化が引き起こされ，典型的な温帯性落葉広葉樹林に隣接して発達する低山帯上部の針広混交林，亜高山の針葉樹林，さらには一部高山帯下部までも分布域がせりあがって，亜高山や高山の典型的高山・極地要素と，群落構造・生態分布のうえで入れ子状態となっている種がいくつも見受けられる。今回，本書で取りあげたショウジョウバカマは，植物地理学的には典型的な第三紀要素の一群であるが，正に上述した一例の代表とでもいえる常緑多年草である。オオイワカガミ *Schizocodon soldanelloides* Sieb. et Zucc. var. *magna* Makino‐イワカガミ *S. soldanelloides* var. *soldanelloides*‐コイワカガミ *S. soldanelloides* form. *alpina* Makinoという常緑多年草にも，低山帯の典型的落葉樹林の林床，低山帯上部の針広混交林，亜高山帯下部のダケカンバ林の林床からさらに高山帯の典型的な草原にかけて分布域が拡張した一例を見ることができる。生態的広域種の示す生態分布と生活史特性にも，ショウジョウバカマと同様な環境適応の変遷史を読みとることができる。要するに，林床植物の生育期間がわずか3カ月という極端に短い高山環境であっても，光条件のうえでより有利な場への適応を果たした集団が，高山帯へと分布域を拡張した状況を知ることができる。

# 文　献
# Bibliography

**[第Ⅰ巻共通文献]**

Chase, M. W., Duvall, M. R., Hills, H. G., Conran, J. G., Cox, A. V., Eguiarte, L. E., Hartwell, J., Fay, M. F., Caddick, K. M., Cameron, K. M. and Hoot, S. 1995. Molecular phylogenetics of Lilianae. In: Rudall, P. J., Gribb, P. J., Cutler, D. F. and Humphries, C. J. (eds.), Monocotyledons. Systematics and Evolution Vol.1. Royal Botanic Gardens, Kew. 109-137 pp.

Cruden, R. W. 1977. Pollen-ovule ratios: a conservative indicator of breeding system in the flowering plants. Evolution **31**: 32-46.

Darlgren, R. M. T., Clifford, H. T. and Yeo, P. F. 1985. The Families of the Monocotyledons. Structure, Evolution and Taxonomy. Springer-Verlag, Berlin. 520 pp.

Darlington, C. D. and Wylie, A. P. 1945. Chromosome Atlas of Flowering Plants. George Allen & Unwin Ltd., London. 519 pp.

Deevey, E. S. 1947. Life tables for natural populations of animals. Quert. Rev. Biol. **22**: 283-314.

Fedorov, V. L. 1969. Chromosome Numbers of Flowering Plants. Nauka, Leningrad (Otto Koeltz Science Publ., Koenigstein. 1974. 926 pp.).

Fernald, M. L. 1950. Gray's Manual of Botany. 8th edition. American Book Co., 1632 pp.

Flora of North America Editorial Committee (ed.) 2002. Flora of North America, North of Mexico Volume **26**. Magnoliophyta: Liliidae: Liliales and Orchidales. Oxford Press, 723 pp.

Fuse, S., Lee, N. S. and Tamura, M. N. 2001. Systematic position of *Disporum ovale* Ohwi (Liliaceae *sensu lato*) occurring in Korea. In: Cho, D. S. (ed.), Proceedings of the 19th Symposium on Plant Biology: Biodiversity—Status, Conservation and Restoration, 260 p. The Catholic University of Korea, Puchon.

萩原信介，1977．ブナにみられる葉面積のクラインについて．種生物学研究 **1**：39-51．

堀田満，1974．植物の分布と分化．三省堂，400 pp．

河野昭一，1960．種と進化：適応の生物学．三省堂，190 pp．

Kawano, S. 1966. Biosystematic studies of the *Deschampsia caespitosa* complex with special reference to the karyology of Icelandic populations. Bot. Mag. Tokyo **79**: 293-307.

河野昭一，1974．種の分化と適応：植物の進化生物学Ⅱ．三省堂，407 pp．

Kawano, S. 1975. The productive and reproductive biology of flowering plants Ⅱ. The concept of life history strategy in plants. J. Coll. Lib. Arts, Toyama Univ., Japan (Nat. Sci.) **8**: 51-86.

河野昭一，1979．高等植物の生活史と比較生態学．種生物学研究 **3**，25-41．

河野昭一，1982．生態学の立場からみた適応戦略と個体群統計学．酒井寛一（編），生態遺伝と進化．裳華房，91-124 pp．

河野昭一（編），1984a．植物の生活史と進化 1 雑草の個体群統計学．培風館，148 pp．

河野昭一（編），1984b．植物の生活史と進化 2 林床植物の個体群統計学．培風館，148 pp．

Kawano, S. 1984. Population biology and demographic genetics of some liliaceous species. Korean J. Pl. Taxon. **14**: 43-57.

Kawano, S. 1985. Life history characteristics of temperate woodland plants in Japan. In: White, J. (ed.), The Population Structure of Vegetation. W. Junk Publishers, Dordrecht. 515-549 p.

河野昭一，1996．植物の進化生態学：集団生物学と生活史の比較生態学．遺伝（別冊8号）：127-138．

河野昭一，2001．落葉樹林の林床をかざる植物たち．河野昭一（総監修），植物の世界：草本編（上）．Newton Press，157 pp．

Kawano, S., Ihara, M. and Suzuki, M. 1968. Biosystematic studies on *Maianthemum* (Liliaceae-Polygonatae) Ⅳ. Variation in gross morphology of *M. kamtschaticum*. Bot. Mag. Tokyo **81**: 473-490.

Kawano, S., Takasu, H. and Nagai, Y. 1978. The productive and reproductive biology of flowering plants Ⅳ. Assimilation behavior of some temperate woodland herbs. J. Coll. Lib. Arts, Toyama Univ., Japan (Nat. Sci.) **11**: 33-60.

Kawano, S., Takada, T., Nakayama, S. and Hiratsuka, A. 1987. Demographic differentiation and life-history evolution in temperate woodland plants. In: Urbanska, K. M. (ed.), Differentiation Patterns in Higher Plants. Academic Press, 153-181 p.

Kitamura, K., Morita, T., Kudoh, H., O'Neill, J., Utech, F. H., Whigham, D. F. and Kawano, S. 2003. Demographic genetics of the American beech (*Fagus grandifolia* Ehrh.) Ⅲ. Genetic substructuring of coastal plain population in Maryland. Plant Species Biology **18**: 13-33.

Kubitzki, K. 1998. The Families and Genera of Vasculer Plants III. Flowering Plants, Monocotyledons, Lilianae (except Orchidaceae). Springer-Verlag, Berlin. 478 pp.
Löve, A. and Löve, D. 1961. Chromosome numbers of Central and Northwest European plant species. *Opera Botanica* **5**: 1-581.
Moore, R. J. (ed.) 1973. Index to Plant Chromosome Numbers 1967-1971. Intern. Bureau for Plant Taxonomy and Nomenclature, Utrecht, the Netherlands. 539 pp.
Munz, P. A. 1965. A California Flora. Univ. of California Press, 1681 pp.
Patterson, T. B. and Givnish, T. J. 2002. Phylogeny, concerted convergence, and phylogenetic niche conservation in the core Liliales: insights from *rbcL* and *ndhF* sequence data. *Evolution* **56**: 232-252.
Suzuki, W. 1987. Comparative ecology of *Rubus* species (Rosaceae) I. Ecological distribution and life history characteristics of three *Rubus* species, *R. palmatus* var. *coptophyllus*, *R. microphyllus* and *R. crataegifolius*. *Plant Species Biology* **2**: 85-100.

### [カタクリ *Erythronium japonicum*]

Asakawa, Y., Yamaoka, R. and Kawano, S. Chemical constituents in the seed elaiosomes of *Erythronium japonicum* (unpubl. data).
Fukuda, T. and Nakamura, S. 1987. Biotic interaction between a rust fungus, *Uromyces erythronii* Pass., and its host plant, *Erythronium japonicum* Decne. (Liliaceae). *Plant Species Biology* **2**: 75-83.
Hitchcock, C. L. and Cronquist, A. 1973. Flora of the Pacific Northwest. Univ. of Washington Press, Seattle and London, 730 pp.
本多和茂・石川幸男，1999．分布限界近くにおけるカタクリ孤立個体群の保全に関する研究（第3報）花粉の制限が結果に及ぼす影響．北海道専修大学環境科学教室紀要 No.**6**, 289-294．
石川幸男・本多和茂，1999．分布限界近くにおけるカタクリ孤立個体群の保全に関する研究（第4報）訪花昆虫相と花粉媒介者．北海道専修大学環境科学教室紀要 No.**6**, 295-300．
石川幸男・俵浩三，1999．分布限界近くにおけるカタクリ孤立個体群の保全に関する研究（第1報）北海道内における分布実態の解明．北海道専修大学環境科学教室紀要 No.**6**, 281-288．
Kawano, S. 1982. On the abnormal vegetative growth and reproduction in *Erythronium japonicum* Decne. (Liliaceae). *J. Phytogeogr. Taxon.* **30**: 33-55.
河野昭一，1984．カタクリの生活史．植物と自然 **18**：6-11．
河野昭一，1987．世界のカタクリ：その分布と多様性．採集と飼育 **49**：100-103．
河野昭一，1996．アリのお花畑．フレーベル館，55 pp．
Kawano, S. and Nagai, Y. 1982. Further observations on the reproductive biology of *Erythronium japonicum* Decne. (Liliaceae). *J. Phytogeogr. Taxon.* **30**: 90-97.
Kawano, S., Hiratsuka, A. and Hayashi, K. 1982. The productive and reproductive biology of flowering plants V. Life history characteristics and survivorship of *Erythronium japonicum*. *Oikos* **38**: 129-149.
Kawano, S., Noguchi, J. and Nakayama, S. 1985. Demographic genetics of *Erythronium japonicum* Decne. (Liliaceae). *In*: Hara, H. (ed.), Origin and Evolution of Diversity in Plants and Plant Communities. Academia Scientific Book Inc., Tokyo. 188-207 p.
Kondo, T., Okubo, N., Miura, T., Honda, K. and Ishikawa, Y. 2002. Ecophysiology of seed germination in *Erythronium japonicum* (Liliaceae) with underdeveloped embryos. *Amer. J. Bot.* **89**: 1779-1784.
Utech, F. H. and Kawano, S. 1975a. Biosystematic studies in *Erythronium* (Liliaceae-Tulipeae) I. Floral biology of *E. japonicum* Decne. *Bot. Mag. Tokyo* **88**: 163-176.
Utech, F. H. and Kawano, S. 1975b. Biosystematic studies in *Erythronium* (Liliaceae-Tulipeae) II. Floral anatomy of *E. japonicum* Decne. *Bot. Mag. Tokyo* **88**: 177-185.
Utech, F. H. and Kawano, S. 1976. Biosystematic studies in *Erythronium* (Liliaceae-Tulipeae) III. Somatic karyotype analysis of *E. japonicum* Decne. *Cytologia* **41**: 749-755.

### [ヒメニラ *Allium monanthum*]

Kawano, S. 1970. Species problems viewed from productive and reproductive biology I. Ecological life histories of some representative members associated with temperate deciduous forests in Japan. *J. Coll. Lib. Arts, Toyama Univ., Japan* (Nat. Sci.) **3**: 181-213.
Kawano, S. and Nagai, Y. 1975. The productive and reproductive biology of flowering plants I. Life history strategies of three *Allium* species in Japan. *Bot. Mag. Tokyo* **89**: 281-318.
長井幸雄，1972．ヒメニラの繁殖様式とその生物学的意義．北陸の植物 **20**：84-91．

長井幸雄, 1984. ヒメニラの生活史. 河野昭一(編), 植物の生活史と進化 2 林床植物の個体群統計学. 培風館, 113-132 p.

Noda, S. and Kawano, S. 1988. The biology of *Allium monanthum* (Liliaceae) I. Polyploid complex and variations in karyotype. *Plant Species Biology* **3**: 13-26.

Noguchi, J. and Kawano, S. 1974. Brief notes on the chromosomes of some Japanese plants (3). *J. Jap. Bot.* **49**: 76-86.

## [コシノコバイモ *Fritillaria koidzumiana*]

Hayashi, K. and Kawano, S. 2000. Molecular systematics of *Lilium* and allied genera (Liliaceae): phylogenetic relationships among *Lilium* and related genera based upon *rbcL* and *matK* gene sequence data. *Plant Species Biology* **15** : 73-93.

林一彦・吉田誠治・野田昭三・鳴橋直弘・河野昭一, 1999. 日本産バイモ属の分子系統学的研究. 日本植物学会第 63 大会研究発表記録, 127 pp.

鳴橋直弘, 1973. クロユリの仲間. 新花卉 **78**：27-31.

Naruhashi, N. 1979. The new species of *Fritillaria* (Liliaceae) from Japan. *J. Geobot.* **26** : 88-93.

鳴橋直弘・佐藤尚史・野田昭三, 1997. ユリ科コバイモ 7 種の花の比較解剖. 植物地理・分類研究 **45**：1-12.

Ness, B. 2002. *Fritillaria*. *In*: Flora of North America Editorial Committee (ed.), Flora of North America, North of Mexico Volume **26**. Magnoliophyta: Liliidae: Liliales and Orchidales. Oxford Press, 164-171 p.

野田昭三, 1964. バイモ属植物の細胞学的研究 第 I 報. ホソバナコバイモの核型と B 染色体の変異. 大阪学院大学論叢 **2**：125-132.

野田昭三, 1968. バイモ属植物の細胞学的研究 第 II 報. コバイモおよびコシノコバイモの核型と B 染色体. 大阪学院大学論叢 **10**：127-142.

Noda, S. 1975. Achiasmate meiosis in the *Fritillaria japonica* group I. Different modess of bivalent formation in two sex mother cells. *Heredity* **34**: 373-380.

野田昭三・鳴橋直弘, 1988. コバイモ類の種分化における染色体分化の役割. 遺伝学雑誌 **63**：616.

Turrill, W. B. and Sealy, J. R. 1980. Studies in the genus *Fritillaria* (Liliaceae). *Hooker's Icones Plantarum* **39** (I & II): 1-280.

Xinqi, C. 2000. *Fritillaria*. *In*: Woo, Zh. and Raven, H. P. (eds.), Flora of China Volume **24**. Flagellariaceae through Marantaceae. Science Press, Beijing & Missouri Botanical Garden Press, St. Louis. 127-133 p.

## [チゴユリ *Disporum smilacinum*]

Arano, H. and Nakamura, T. 1967. Cytological studies in family Liliaceae of Japan I. The karyotype analysis and its karyological consideration in some species of *Polygonatum*, *Disporum*, *Veratrum* and *Smilacina*. *La Kromosomo* **68**: 2205-2214.

Hasegawa, N. 1932. Comparison of chromosome types in *Disporum*. *Cytologia* **3**: 350-368.

河野昭一, 1988a. チゴユリの生活史, 栄養繁殖と集団の遺伝的多様性. ニュートン・植物の世界 第 1 号, 92-117 p.

河野昭一, 1988b. 世界のチゴユリ. ニュートン・植物の世界 第 1 号, 122-123.

小林繁男, 1984. チゴユリの生活史と個体群統計学. 河野昭一(編), 植物の生活史と進化 2 林床植物の個体群統計学. 培風館, 87-112 pp.

小林繁男, 1988. 移動する群のなぞ. ニュートン・植物の世界 第 1 号, 118-121 p.

Lee, Y. N. 1967. Chromosome numbers of flowering plants in Korea (1). *J. Korean Cult. Res. Inst.* **11**: 455-478.

Shinwari, Z. K., Terauchi, R., Utech, F. H. and Kawano, S. 1994. Recognition of the New World *Disporum* section *Prosartes* as *Prosartes* (Liliaceae) based on the sequence data of the *rbcL* gene. *Taxon* **43**: 353-366.

Tamura, N. M., Utech, F. H. and Kawano, S. 1992. Biosystematic studies on the genus *Disporum* (Liliaceae) IV. Karyotype analysis of some Asiatic and North American taxa with special reference to their systematic status. *Plant Species Biology* **7**: 103-120.

田中肇, 1988. ハナバチの訪花. ニュートン・植物の世界 第 1 号, 103 p.

Utech, F. H. and Kawano, S. 1974. Biosystematic studies on *Disporum* (Liliaceae-Polygonatae) I. Karyotype comparison of *D. sessile* D. Don and *D. amilacinum* A. Gray from Japan. *La Kromosomo* **98**: 3031-3045.

Utech, F. H. and Kawano, S. 1976. Biosystematic studies on *Disporum* (Liliaceae-Polygonatae) III. Floral biology of *D. sessile* D. Don and *D. smilacinum* A. Gray from Japan. *Bot. Mag. Tokyo* **89**: 159-171.

Utech, F. H. and Kawano, S. 1977. Biosystematic studies on *Disporum* (Liliaceae-Polygonatae) II. Pollen fertility, meiosis and chiasma frequency in *D. smilacinum* A. Gray. *Cytologia* **42**: 101-109.

### [ホウチャクソウ *Disporum sessile*]

Fujishima, H. and Kurita, M. 1973. Variation in number, size and location of satellite of *Disporum sessile* Don. *Japanese J. Genetics* **48**: 271-278.

藤島弘純・石丸良男・片岡至, 1972. ホウチャクソウの染色体. 遺伝 **26**(7): 78-79.

Hasegawa, N. 1932. Comparison of chromosome types in *Disporum*. *Cytologia* **3**: 350-368.

Hasegawa, N. 1933. Chromosome studies in diploid and triploid forms of *Disporum sessile*. *Japanese J. Genetics* **9**: 9-14.

初島住彦, 1975. 琉球植物誌. 沖縄生物教育研究, 1002 pp.

堀良通・横井朝子・横井洋太, 1985. ホウチャクソウの2倍体と3倍体の繁殖特性とそれに基づく個体群動態の解析. 種生物学研究 **9**: 71-84.

Hori, Y., Yokoi, T. and Yokoi, Y. 1992. Size structure and reproductive characteristics in diploid and triploid populations of *Disporum sessile* D. Don (Liliaceae). *Plant Species Biology* **7**: 77-85.

Hori, Y., Yokoi, T. and Yokoi, Y. 1995. Effects of light intensity on the size structure and establishment of diploid and triploid of *Disporum sessile*. *Plant Species Biology* **10**: 11-16.

鹿児島県環境生活部環境保護課, 2003. 鹿児島県の絶滅のおそれのある野生動植物：植物編. 鹿児島県環境技術協会, 657 pp.

Noguchi, J. and Kawano, S. 1974. Brief notes on the chromosomes of some Japanese plants (3). *J. Jap. Bot.* **49**: 76-86.

Shinwari, Z. K., Terauchi, R., Utech, F. H. and Kawano, S. 1994. Recognition of the New World *Disporum* section *Prosartes* as *Prosartes* (Liliaceae) based on the sequence data of the *rbcL* gene. *Taxon* **43**: 353-366.

Tamura, N. M., Utech, F. H. and Kawano, S. 1992. Biosystematic studies on the genus *Disporum* (Liliaceae) IV. Karyotype analysis of some Asiatic and North American taxa with special reference to their systematic status. *Plant Species Biology* **7**: 103-120.

Utech, F. H. and Kawano, S. 1974. Biosystematic studies on *Disporum* (Liliaceae-Polygonatae) I. Karyotype comparison of *D. sessile* D. Don and *D. amilacinum* A. Gray from Japan. *La Kromosomo* **98**: 3031-3045.

Utech, F. H. and Kawano, S. 1976. Biosystematic studies on *Disporum* (Liliaceae-Polygonatae) III. Floral Biology of *D. sessile* D. Don and *D. smilacinum* A. Gray from Japan. *Bot. Mag. Tokyo* **89**: 159-171.

### [キバナノアマナ *Gagea lutea*]

Fukuda, T. and Nakamura, S. 1987. Biotic interaction between a rust fungus, *Uromyces erythronii* Pass., and its host plant, *Erythronium japonicum* Decne. (Liliaceae). *Plant Species Biology* **2**: 75-83.

Geitler, L. 1949. Notizen zur endomitotischen Polyploidisierrung in Tricocyten und Elaiosomen sowie uber Kernstrukturen bei *Gagea lutea*. *Chromosoma* **3**: 271-281.

原沢世夫, 1968. キバナノアマナとその寄生菌. 植物と自然 **2**(4): 26-28.

Hayashi, K. and Kawano, S. 2000. Molecular systematics of *Lilium* and allied genera (Liliaceae): phylogenetic relationships among *Lilium* and related genera based on the *rbcL* and *matK* gene sequence data. *Plant Species Biology* **15**: 73-93.

Heyn, C. C. and Dafni, A. 1971. Studies in the genus *Gagea* (Liliaceae) I. The platyspermous species in Israel and neighbouring areas. *Israel J. Botany* **20**: 214-233.

Matsuura, H. and Suto, T. 1935. Contributions to the idiogram study in phanerogamous plants I. *J. Fac. Sci., Hokkaido Imp. Univ.*, Ser. V, Bot. **5**: 33-75.

Nishikawa, Y. 1998. The function of multiple flowers of a spring ephemeral, *Gagea lutea* (Liliaceae), with reference to blooming order. *Canad. J. Bot.* **76**: 1404-1411.

西川洋子, 2000. 春植物の開花結実戦略. 種生物学会(編), 花生態学の最前線：美しさの進化的背景を探る. 文一総合出版, 45-65 p.

Sakamura, T. and Stow, J. 1926. Über die experimentell veranlasste Entstehung von keimfa-

higen Pollenkornern mit abweichenden Chromosomenzahlen. *Jap. J. Bot.* **3**: 111-137.
Sato, D. 1936. Chromosome studies in *Scilla* III. SAT-chromosomes and the karyotype analysis in *Scilla* and other genera. *Cytologia* **7**: 521-529.
Sopova, M., Starova, U. and Sekovski, Z. 1984. Study in the genus *Gagea* 2. Cytology and distribution of 7 *Gagea* species from Macedonia. *Acta Mus. Macad. Sci. Natur.* **17**: 103-119.
Takahashi, H. and Tani, T. 1997. Life history of the spring ephemeral, *Gagea lutea* (Liliaceae) in Sapporo, Hokkaido. *Miyabea* **3**: 17-26.

### [ウバユリ *Cardiocrinum cordatum*]

古池博, 1957. 日本における *Cardiocrinum* 属フロラ形成(一). 北陸の植物 **6**(4)：115-120.
古池博, 1958. 日本における *Cardiocrinum* 属フロラ形成(二). 北陸の植物 **7**(1)：23-26.
古池博, 1981. 日本海側での大葉化・小葉化について. 植物地理・分類研究 **29**(2)：91-107.
河野昭一, 1987. ウバユリ. 月刊アニマ編集部「フローラ　植物を知る　ハーブ&スパイス　香料植物」. アニマ臨時増刊号 no.**178**, 平凡社, 125-129 p.
河野昭一・長井幸雄・鈴木昌友, 1980. 日本列島におけるツクバネソウの地理的クラインについて. 植物地理・分類研究 **27**：74-91.
野田昭三, 1987. 日本列島への"ユリの道"：染色体からのメッセージ. 清水基夫(編), 日本のユリ：原種とその園芸種. 誠文堂新光社, 98-110 p.
Noguchi, J. and Kawano, S. 1974. Brief notes on the chromosomes of some Japanese plants (3). *J. Jap. Bot.* **49**: 76-86.
荻原聡二, 1960. ウバユリの核型. 科学 **30**：35.
Ohara, M. and Utech, F. H. 1986. Life history studies on the genus *Trillium* (Liliaceae) III. Reproductive biology of six sessile-flowered species occurring in the southeastern United States with special reference to vegetative reproduction. *Plant Species Biology* **1**: 135-145.
岡安太郎, 1999. 1回繁殖型多年草オオウバユリの生活史. 東京大学教養学部基礎科学第2, 平成11年度卒業研究 I. 35 pp.
Sakai, S., Sakai, A. and Ishii, H. S. 1997. Patterns of wing size variation in seeds of the lily *Cardiocrinum cordatum* (Liliaceae). *Amer. J. Bot.* **89**: 1275-1278.
Sansome, E. R. and La Cour, L. 1934. The chromosomes of *Lilium* III. Royal Horticulture Society Lily Yearbook **3**: 40.
Sato, M. 1932. Chromosome studies in *Lilium* I. *Bot. Mag. Tokyo* **46**: 68-88.
Stewart, R. N. 1947. The morphology of somatic chromosomes in *Lilium*. *Amer. J. Bot.* **34**: 9-26.
谷友和・高橋英樹, 1998. オオウバユリの鱗茎とシュートの構造. 植物地理・分類研究 **46**：109-112.
塚田晴朗, 1990. オオウバユリの繁殖特性. 種生物学研究 **14**：28-29.

### [オオバナノエンレイソウ *Trillium camschatcense*, ミヤマエンレイソウ *Trillium tschonoskii*]

福田一郎, 1961. エンレイソウ属植物の訪花昆虫について. 東京女子大学論集 **12**：23-34.
福田一郎, 1962. オオバナノエンレイソウの自然集団の変遷. 東京女子大学論集 **13**：91-107.
Fukuda, I. 2001a. The origin and evolution in *Trillium* 1. The origin of the Himalayan *Trillium govanianum*. *Cytologia* **66**: 105-111.
Fukuda, I. 2001b. The origin and evolution in *Trillium* 2. Chromosome variation of *Trillium undulatum* in North America. *Cytologia* **66**: 319-327.
Fukuda, I. 2003. The origin and evolution in *Trillium* 3. Chromosome variation and the origin of *Trillium apetalon* in Asia. *Cytologia* **68**: 255-265.
Fukuda, I., Freeman, J. D. and Itou, M. 1996. *Trillium channellii*, Sp. Nov. (Trilliaceae), in Japan, and *T. camtschatcense* Ker Gawler, correct name for the Asiatic diploid *Trillium*. *Novon* **6**: 164-171.
河野昭一(編), 1994. 世界のエンレイソウ. 海游舎, 95 pp.
Kawano, S., Ohara, M. and Utech, F. H. 1986. Life history studies on the genus *Trillium* (Liliaceae) II. Reproductive biology and survivorship of four eastern North American species. *Plant Species Biology* **1**: 47-58.
Kazempour Osaloo, S. and Kawano, S. 1999. Molecular systematics of Trilliaceae II. Phylogenetic analyses of *Trillium* and its allies using sequences of *rbcL* and *matK* genes of *cp*DNA and internal transcribed spacers of 18 S-26 S nrDNA. *Plant Species Biology* **14**: 75-94.

Kazempour Osaloo, S., Utech, F. H., Ohara, M. and Kawano, S. 1999. Molecular systematics of Trilliaceae I. Phylogenetic analyses of *Trillium* using *matK* gene sequence. *J. Pl. Res.* **112**: 35-49.

Kurabayashi, M. 1952. Differential rectivity of chromosomes in *Trillium*. *J. Fac. Sci., Hokkaido Univ.*, Ser. V, Bot. **6**: 233-248.

Kurabayashi, M. 1957. Evolution and variation in *Trillium* IV. Chromosomal variation in natural populations of *Trillium kamtschaticum* Pall. *Jap. J. Bot.* **16**: 1-45.

Kurabayashi, M. 1958. Evolution and variation in Japanese species of *Trillium*. *Evolution* **12**: 286-310.

Matsuzaka, S. and Kurabayashi, M. 1959. Hybridization of *Trillium* in a habitat at Nanae. *J. Hokkaido Gakugei Univ.* **10**: 181-187.

Ohara, M. 1989. Life history evolution in the genus *Trillium*. *Plant Species Biology* **4**: 1-28.

Ohara, M. and Higashi, S. 1987. Interference by ground beetles with the dispersal by ants of seeds of *Trillium* species (Liliaceae). *J. Ecol.* **75**: 1091-1098.

Ohara, M. and Kawano, S. 1986a. Life history studies on the genus *Trillium* (Liliaceae) I. Reproductive biology of four Japanese species. *Plant Species Biology* **1**: 35-45.

Ohara, M. and Kawano, S. 1986b. Life history studies on the genus *Trillium* (Liliaceae) IV. Stage class structures and spatial distribution of four Japanese species. *Plant Species Biology* **1**: 147-161.

大原雅・河野昭一, 1987. 日本産エンレイソウ属植物 4 種の交配・受粉機構. 植物分類地理 **38**: 75-81.

Ohara, M. and Utech, F. H. 1986. Life history studies on the genus *Trillium* (Liliaceae) III. Reproductive biology of six sessile-flowered species occurring in the southeastern United States with special reference to vegetative reproduction. *Plant Species Biology* **1**: 135-145.

Ohara, M. and Utech, F. H. 1988. Life history studies on the genus *Trillium* (Liliaceae) V. Reproductive biology and survivorship of three declinate-flowered species. *Plant Species Biology* **3**: 35-45.

Ohara, M., Kawano, S. and Utech, F. H. 1990. Differentiation patterns of reproductive systems in the genus *Trillium*. *Plant Species Biology* **5**: 73-81.

Ohara, M., Takada, T. and Kawano, S. 2001. Demography and reproductive strategies of a polycarpic perennial, *Trillium apetalon* (Trilliaceae). *Plant Species Biology* **16**: 209-217.

Ohkawa, T., Nagai, Y., Masuda, J., Kitamura, K. and Kawano, S. 1998. Population biology of *Fagus crenata* Blume 1. Demographic genetic differentiations of lowland and montane populations in Toyama, central Honshu, Japan. *Plant Species Biology* **13**: 93-116.

鮫島和子・鮫島淳一郎, 1987. 原色図譜 エンレイソウ属植物. 北海道大学図書刊行会, 237 pp.

Tomimatsu, H. and Ohara, M. 2002. Effects of forest fragmentation on seed production of the understory herb *Trillium camschatcense*. *Conservation Biology* **16**: 1277-1285.

Tomimatsu, H. and Ohara, M. 2003. Genetic diversity and local population structure of fragmented populations of *Trillium camschatcense* (Trilliaceae). *Biological Conservation* **109**: 249-258.

富松祐・大原雅, 2004. 林床植物個体群の存続を脅かす要因：オオバナノエンレイソウの保全生物学. 種生物学研究 (印刷中).

## [ショウジョウバカマ *Helonias orientalis*]

布施静香, 2001. ショウジョウバカマ属の多様性. プランタ 5 月号, 32-39 p.

河野昭一, 1976. 日本のフローラ (植物相)：その自然誌的背景 (9) 温帯林の構成要素 (その 4). 植物と自然 **10**：6-11.

河野昭一, 1996. ショウジョウバカマ. 週刊朝日百科 植物の世界 **10**：113.

Kawano, S. and Masuda, J. 1980. The productive and reproductive biology of flowering plants VII. Resource allocation and reproductive capacity in wild populations of *Heloniopsis orientalis* (Thunb.) C. Tanaka (Liliaceae). *Oecologia* (Berl.) **45**: 304-317.

中村卓三, 1967. 邦産ユリ科植物の細胞学的研究 II ショウジョウバカマ属の核型分析. 染色体 **71**：2316-2321.

Sato, D. 1942. Karyotype alternation and phylogeny in Liliaceae and allied families. *Jap. J. Bot.* **12**: 57-161.

Tanaka, N. 1997a-c. Phylogenetic and taxonomic studies on *Heloniopsis*, *Ypsilandra* and *Helonias* I. Comparison of character states (1), (2). *J. Jap. Bot.* **72**: 228; *J. Jap. Bot.* **72**:

286-292; II. Evolution and geographical distribution. *J. Jap. Bot* **72**: 329-336.
Tanaka, N. 1997d. Taxonomic significance of some floral characters in *Helonias* and *Ypsilandra* (Liliaceae). *J. Jap. Bot.* **72**: 110-116.
Tanaka, N. 1997e. Evolutionary significance of the variation of the floral structure of *Heloniopsis*. *J. Jap. Bot.* **72**: 131-138.
Tanaka, N. 1998. Phylogenetic and taxonomic studies on *Heloniopsis*, *Ypsilandra* and *Helonias* III. Taxonomic revision. *J. Jap. Bot* **73**: 102-115.
Utech, F. H. 1978. Vascular floral anatomy of *Helonias bullata* (Liliaceae-Helonieae), with a comparison to the Asian *Heloniopsis orientalis*. *Ann. Carnegie Mus.* **47**: 169-191.
Utech, F. H. 1980. Somatic karyotype analysis of *Helonias bullata* L. (Liliaceae), with a comparison to the Asian *Heloniopsis orientalis* (Thunb.) C. Tanaka. *Ann. Carnegie Mus.* **49**: 153-160.
Utech, F. H. and Kawano, S. 1981. Vascular floral anatomy of the East Asian *Heloniopsis orientalis* (Thunb.) C. Tanaka (Liliaceae-Helonieae). *Bot. Mag. Tokyo* **94**: 295-311.

# 事 項 索 引

[あ行]

亜高山帯　1, 31, 63, 65, 69, 73, 76, 79
アリ散布型種子　85
*rbcL* 遺伝子　47, 69
生残りの戦略　79
異熟　82
一世代の長さ　83
一年草　83, 87
1回繁殖型(多年草)　52, 53, 55, 83, 84, 89
遺伝
　遺伝構造　61
　遺伝子プール　86
　遺伝的多様性　15, 63
　遺伝的浮動　61
　遺伝的変異　23
栄養繁殖　5, 12, 13, 15, 21, 23, 25, 29, 31, 37, 39, 52, 53, 55, 77, 79, 84, 87, 90
　栄養繁殖体　25, 28, 29, 36, 52, 79, 81, 91
越冬　12, 36
エネルギー投資(繁殖活動への)　82
エライオソーム　1, 7, 21, 61, 67, 68, 85
塩基配列　47, 69
雄しべ　5, 13, 57, 76, 82
オスカー現象　86
温帯性
　温帯性夏緑林　9
　温帯性落葉広葉樹林　15, 31, 39, 49

[か行]

外花被　1, 5
塊茎　87
開放花　89, 93
花芽　1, 17, 20, 37, 39, 57, 65, 76
核型　7, 15, 21, 31, 39, 45, 55, 61, 68, 79, 82
花茎　1, 12, 13, 20, 41, 44, 47, 52, 53, 57, 76, 77, 84
果実　29, 31, 44, 52, 61, 68, 84
花序　13, 42, 45, 50, 77, 83, 84
風散布型　53
　風散布型種子　52, 55
可塑性　86, 87
花柱　13, 37, 41
花被　5, 37, 76
　花被片　21, 29, 31, 33, 37, 41, 47, 73, 76, 77
花粉　5, 29, 37, 45, 53, 57, 63, 82
　花粉管　85
　花粉形成　65
　花粉形態　79
　花粉数　13, 60, 68

花粉母細胞　57, 65
果柄　52
花柄　37
可変性　86, 87
花穂　87
花蜜　37, 53
完全花　13
キアズマ　23
気孔　37, 44
気候変動　71
擬似一年草(型)　9, 28, 31, 36, 39, 83, 84, 89
季節消長　9, 49
機能的雌雄異株　82, 90
ギャップ　25
球茎　87
吸蜜　37, 76
休眠　1, 4, 12, 20, 44, 49, 60, 85
距　37
強制休眠　85
共生系　31
局所集団　82
極相林　88
形質発現　81
茎頂　20
経年成長　4, 7, 9, 17, 36, 41, 52, 60, 73, 84
結実　18, 20, 23, 45, 68, 81
　結実期　41, 45, 50, 51, 57, 61, 65, 67, 75
　結実率　45, 53
ゲノム　69
　ゲノム構成　61, 68, 69
減数分裂　23, 57, 65, 69, 82
光合成　17, 25, 28, 33, 36, 41, 57, 65
　光合成曲線　49
　光合成産物　28, 36, 44
交雑親和性　71
高山帯　73, 76, 79
後熟種子　85
高層湿原　77
交配システム(様式)　5, 13, 21, 28, 36, 44, 53, 60, 68, 76, 86, 89
高木層　9, 84
広葉樹　83
個体
　個体間競争　61
　個体群増殖率　39
　個体サイズ　28, 57, 65, 81～83, 87
古典分類学　81
固有種　23
孤立林　63
根茎　36, 57, 60, 65, 86, 87

根出葉　41, 47, 49, 52

[さ行]

サイズ
　サイズ・クラス　17, 20
　サイズ構成　20, 60, 86
　サイズ構造　90
さく果　2, 7, 10, 17～19, 42, 43, 47, 50, 51, 53, 74, 77
雑種　63
　雑種起源　71
　雑種形成　69
里山　25, 33, 47
山岳地帯　76
散形花序　13, 41, 45, 47
3倍体　15, 35, 37, 39, 69
しいな　21
ジェネット　55, 81, 84, 86, 90
自家
　自家受粉　5, 21, 82
　　自動自家受粉　44
　自家不和合性　5, 21, 53, 60
　自家和合性　44
資源
　資源制限　45
　資源配分(分配)　45, 90
支持器官　83
自殖(型)　21, 60, 68, 82, 89～91
雌ずい　27, 87
雌性　13, 15
　雌性花　13, 82
　雌性個体　13, 15, 82, 91
　雌性雌雄同株(性)　13, 82, 90
　雌性雌雄両全異株　82, 91
　雌性先熟　76, 86
　雌性配偶子　5, 84
次世代個体　4, 20, 29, 37, 55, 79, 81, 84, 85, 87, 88
自然
　自然淘汰　61
　自然破壊　71
　自然保護　7, 15, 23, 31, 39, 47, 55, 63, 71
　自然林　33
自動自家受粉　44
子房　5, 13, 21, 25, 28, 41, 53, 68
死亡率　39, 55, 79
社会性昆虫　53, 60
蛇紋岩　69
集団
　集団構造　1, 29, 33, 49, 55, 65
　集団サイズ　23
雌雄
　雌雄異株　82, 90, 91
　雌雄異熟　86, 90
　雌雄同株　82, 91
　雌雄両全性　13, 82, 90
重力散布型種子　85
樹冠　9
種間

種間交雑　69, 71
種間雑種　68
宿存性花被　77
種形成　69, 71
種子
　種子形成　37, 60
　種子散布　7, 13, 21, 29, 37, 53, 59, 61, 68
　種子数　29, 44, 52, 77
　種子生産　41, 44, 45, 63, 68, 77
　種子生産数　20, 45, 77
受精　17, 25, 28, 37, 53, 60, 77, 85
　受精卵　53, 85
シュート　28, 33, 43
種皮　4
受粉　17, 25, 28, 37, 44, 53, 60, 77
種分化　68, 71
子葉　28, 85
漿果　26, 34, 57, 58, 66
常緑
　常緑性多年草　73, 76, 83
　常緑葉　79, 87
植生遷移　71
植物地理学　69
初産齢　84
除雄処理　53
伸長成長　28, 44
針葉樹(林)　9, 25, 31, 63, 69, 73, 83
ストロン　12
生育
　生育環境　73, 77, 86
　生育期間　73, 76, 77, 87
精核　85, 86
性型　12, 13, 82, 90
生活史　4, 9, 20, 28, 44, 52, 81
　生活史過程　57, 65, 81, 83, 84, 88, 91
　生活史戦略　88, 91
　生活史特性　28, 31, 36, 39, 87
成熟
　成熟個体　20, 41, 52, 57, 65, 83
　成熟段階　17, 20, 60
生存率　15, 39, 53, 60, 61, 79
成長
　成長段階　52, 55, 63
　成長点組織　86
性的成熟　20, 81
性発現　13, 82, 84, 86
生物学的種　81
摂食活動適応型　85
絶滅(危惧)　47, 63
前菌糸体　44
染色体　7, 21, 23, 69
　染色体数　7, 15, 21, 31, 39, 45, 55, 61, 68, 79
　染色体突然変異　15
　染色体変異　61
前繁殖期間　52, 82, 84, 91
雑木林　23, 29, 31, 33, 39
相互転座型　15

走出枝　12,25,28,36,88
総状花序　52
相対照度　9,12,39
相同染色体　23
送粉　44,53,60
　　送粉昆虫　5,7,21,23,31,39,71
　　送粉システム(様式)　5,13,21,28,36,44,53,60,76,91
　　送粉者　47,53
　　送粉様式　55
草本植物　12,39,83,84,86,87

[た行]

耐陰性　39,49
体細胞染色体　61
第三紀(起源)　63,69,73
退色模様　61
耐凍性　76
第四紀　68
多回繁殖型　1,4,20,44,53,60,83,91
他家受粉　53
他殖　5,60,63,68,76,82,89〜91
多性　82,86
多年草　9,20,28,31,36,39,52,53,57,83,85
担子胞子　44
地域個体群　15,28,36,39,60,63,68,81,82,84,87,90,92
地下
　　地下(貯蔵)器官　12,83
　　地下ランナー　9,12,28,52,81,83,89
地上
　　地上器官　9
　　地上茎　25,28,33,36
　　地上葉　52,65
柱頭　13,41,68,76
虫媒(花)　29,37,53,68,91,92
超塩基性岩　69
貯蔵
　　貯蔵器官　4,83,84,87
　　貯蔵物質　4,9,12,17,20,28,36,41,52,57,60,65,83,84
地理
　　地理的クライン(勾配)　33,49,92
　　地理的・生態的分布　1,9,17,25,33,41,49,57,65,73
　　地理的変異　49
筒状花　49
転座ヘテロ型　15
展葉　7,17
同化
　　同化器官　12,83
　　同化産物　12,17,20,39,41,52,53,83
動物散布型種子　85
盗蜜　37,92
同齢集団　92
独立栄養　81
土壌動物　85
鳥散布　29

[な行]

内花被　1,5

二次林　23
2倍体　15,31,35,37,39,63,69,71
稔実率　5,21,45,53,87
稔性　13,69,71

[は行]

バイオマス　4,28,29,33,65,77
胚　82
胚珠　5,13,21,28,45,53,60,61,68
　　胚珠数　5,15,21,41,45,60,68
倍数
　　倍数化　69
　　倍数性　15
胚発生　85
胚乳　82,85
　　胚乳種子　85
胚のう　57,82,85
　　胚のう形成　65
　　胚のう母細胞　57,65
発育
　　発育相　17,20,29,51,60,81,84,86
　　発育段階(構造)　84,86,90
発芽　4,28,37,44,52,57,65,68,71,77
　　発芽率　77
発根　1,17,44,52,57
パッチ集団　82
花芽　1,17,20,37,39,57,65,76
母鱗茎　52
春植物　92
半陰地性　31
繁殖
　　繁殖回数　83
　　繁殖活動　82,90
　　　繁殖活動へのエネルギー投資　82
　　繁殖器官　86
　　繁殖システム　55,79,87
　　繁殖成功率　82,90
　　繁殖戦略　33,82,92
　　繁殖体　39,84,85,87,91
　　繁殖体数　87
　　繁殖投資　77,93
氾濫原　55,63
P/O比　5,13,60,68,93
光環境　17,73
光合成　17,25,28,33,36,41,57,65
　　光合成曲線　49
　　光合成産物　28,36,44
光‐光合成曲線　9,49
光発芽種子　85
光飽和点　49
光補償点　49
被食付着散布型種子　85
人里　23
氷河期　69
部位効果　87
フェノロジー　1,9,17,25,33,41,49,57,65,73,93
フェロモン　7,85

複散形花序　41
付着型動物散布種子　85
物質
　　物質経済　9,28,36,52,53,93
　　物質生産　17,28,37,39,79,83
不稔　21
冬胞子　44
　　冬胞子堆　44
フラクトース　60
不連続的雌雄両全性　82
分子系統学　21,23,31,39,47
分節構造　86
分断・孤立化　63
分配率　77
分裂組織　86
平均余命　4,93
閉鎖花　92,93
ヘテロクロマチン　61
変種　49,79
訪花
　　訪花昆虫　3,8,27,29,37,43,51,59,60,67,75
　　訪花頻度　63
苞葉　41,49
保全生物学　63

[ま行]

埋土種子集団　85,94
膜翅目　5
*matK* 遺伝子　47,69
待ちの戦略　86
未成熟胚　85
実生　2,10,11,17,18,20,26,34,37,39,42,44,49,50,52,55,57,
　58,60,61,66,74,83,86
　　実生個体　44,57,65
　　実生段階　55,60,65,79
蜜腺　21,37,76
密度ストレス　86
無花梗群　63
むかご　81,87
娘個体　87
娘鱗茎　9,10,12,15,42,50～53,55,81,84,87
無性　4
　　無性芽　75
　　無性個体　1,11,12,20,33,43
　　無性段階　20,44
　　無性繁殖　84,87
　　無性繁殖体　83,84
無胚乳種子　85
雌しべ　5,21,57,76,82
木本植物　86
モジュール構造　86

[や行]

野外集団　1,29,33,49,55,65
葯　5,13,21,60,68,76
透因シグナル　85

有花梗群　63
ユウクロマチン　61
雄ずい　27,87
雄性　13,15
　　雄性花　10,13,82
　　雄性個体　11,13,15,82,91
　　雄性雌雄同株(性)　13,82
　　雄性雌雄両全異株　82,91
　　雄性先熟　86
　　雄性配偶子　5,13,82,84,86
有性
　　有性個体　11,12
　　有性繁殖　5,13,15,21,28,37,39,44,53,55,60,68,76,87
　　有性繁殖体　86
葉芽　1,17,20,57,65,76
幼植物　1,2,4,10,15,17～20,26,28,34,36,41,42,49～51,55,58,
　63,66,74,79,83～85,87
　　幼植物個体　29,49,53,55,57,61,65
　　幼植物段階　29,79,83,84
葉身　52
葉層　9
陽地植物型　12
葉柄　65
葉面積　20,52
葉緑体ゲノム　47,69,94
翼状果　84
4倍体　15,63,68,69,71

[ら行]

落葉
　　落葉性多年草　83
　　落葉層　12
落下傘状そう果　84
ラメット　2,9,10,12,15,25～31,34～39,42,43,50～53,55,74,
　75,81,83,84,87,90
乱交配　86
卵細胞　82,85
ランナー　25,27,28,35～37,39,86
リター層　12
両性花　5,10,82,90
林縁　25,41
臨界サイズ　4,37,55,84
林冠　20,45,49,86
　　林冠層　1,17,49
鱗茎　1,4,5,9,12,17～21,41,43,44,47,50～53,84,87
林床
　　林床植物　5,7,29,33,49,53,63,94
　　林床性草本植物　55
　　林床性多年草　44
　　林床性春植物　1
鱗片　17,20,52
齢構成(構造)　86,90
6倍体　45,63,69
ロゼット　73
　　ロゼット型　49,55
　　ロゼット葉　53

# 和名索引

[ア行]

アシウスギ　73,77
アシナガアリ　7
アズマイチゲ　41
アズマオオズアカアリ　7
アベマキ　31
アマナ　41,44,47
アメリカセンダングサ　85
アメリカブナ　88
アワコバイモ　21
イズモコバイモ　21
イチゴツナギ属　87
イヌシデ　73
イネ科植物　87
ウシノケグサ属　87
ウバユリ　49〜56,83,84
エゾエンゴサク　41
エゾオオマルハナバチ　53
エゾノミヤマエンレイソウ　65
エダウチチゴユリ　25
エンレイソウ　7,65,69,71
エンレイソウ属　55,57,61,65,68,69,71
オオウバユリ　49,55
オオシロショウジョウバカマ　79
オオチゴユリ　31,39
オオバナノエンレイソウ　17,41,57〜65,67〜69,71
オオマルハナバチ　37,60
オキナワショウジョウバカマ　79
オサムシ　61,67,68
オナモミ　85

[カ行]

カイコバイモ　21
カエデ　84
ガガイモ科植物　84
カクアシヒラタケシキスイ　60
カタクリ　1〜8,17,21,25,41,44,47,83,86
カミキリモドキ　59,60
カワユエンレイソウ　68
キイチゴ　87
キク科(植物)　84,85
キクザキイチゲ　17,41
キバナチゴユリ　31,39
キバナノアマナ　41〜48
ギフチョウ　3,5,7,76
キミガヨラン　83
キンポウゲ　85
クヌギ　31,39,73

クマバチ　3,5,21,76
クロナガケシキスイ　60
クロヤマアリ　7
クロユリ　23
ケシキスイ科　68
コウチュウ目　60
コシノコバイモ　17〜24
コジマエンレイソウ　69
コショウジョウバカマ　79
コチョウショウジョウバカマ　73,79
コナラ　31,39,73
コバイモ　23
コハナバチ　44
コマルハナバチ　29,35,37
ゴミムシ　61,68
コメススキ属　87

[サ行]

サビ菌　44
シマショウジョウバカマ　79
シマハナアブ　60
鞘翅目　60
ショウジョウバカマ　25,73〜80,87
シラオイエンレイソウ　67,69,71
シラン　85
シロイヌナズナ　83,87
シロバナエンレイソウ　65
シロバナショウジョウバカマ　73,79
シワクシケアリ　61,68
スギ　27,73,83,86
スジグロシロチョウ　5
セイヨウミツバチ　44
双翅目　60

[タ行]

ダケカンバ　73
タケシマラン属　31
タヌキアヤメ　85
チゴユリ　25〜32,36,37,39,83,84
チシマアマナ属　47
チシマザサ　73
チューリップ属　47
ツクシショウジョウバカマ　73,78
ツクバネソウ　33,49
ツリアブ　76
トカチエンレイソウ　69
トゲアリ　7
トサコバイモ　21
トビイロケアリ　7

トラマルハナバチ　37,51,75

[ナ行]

ナズナ　83,87
ナナカマド　73
ナワシロイチゴ　88
ナンゴクホウチャクソウ　31,39
ニガイチゴ　87
ニッポンヒゲナガハナバチ　5
ネギ(科)　83,87
ノブキ　85

[ハ行]

ハイマツ　73
バイモ　23,47
ハエ目　60
ハチ目　21
ハナアブ(類)　29,43,44,76
ハナバチ(類)　7,29,31,37,45,53,55
ハムシ科　68
バラ科　87
ヒガンバナ科　87
ヒダカエンレイソウ　69,71
ヒメアマナ　47
ヒメギフチョウ　5
ヒメショウジョウバカマ　79
ヒメニラ　9〜16,83,84
ヒメビル　9
ヒメフンバエ　60
ヒラタアブ　44
ビロウドツリアブ　3,5,44,75
ヒロハコメススキ　87
ヒロハノアマナ　41,44

フクジュソウ　41
フタバガキ　84
ブナ　73,77,83
ホウチャクソウ　31,33〜40,83,84
ホソバナコバイモ　21
ホソルリトビハムシ　60
ポプラ　88

[マ行]

マイヅルソウ　33,49
膜翅目　21
マムシグサ　82
マルハナバチ　5,21,27,39,76
ミノコバイモ　21
ミミナグサ　85
ミヤマエンレイソウ　65〜72
ミヤマハンノキ　73
ミヤママルハナバチ　53
ムネアカオオアリ　3
モミジイチゴ　87

[ヤ行]

ヤクシマショウジョウバカマ　73
ヤドリギ　85
ヤマトアシナガアリ　3,59,61,68
ヤヨイヒメハナバチ　27,29
ユリ科(植物)　33,47,73,83,86,87
ユリ属　23,47,55
ヨウラクユリ　23

[ラ行]

ラン科植物　85
リュウゼツラン　83

# 学名索引

[A]

*Agave* 83
*Allium monanthum* 9〜16
*Amana edulis* 47

[C]

*Cardiocrinum*
    *Cardiocrinum cathayanum* 55
    *Cardiocrinum cordatum* 49〜56
    *Cardiocrinum cordatum* var. *glehni* 49,56
    *Cardiocrinum giganteum* 55

[D]

*Deschampsia caespitosa* 87
*Disporum* 31
    *Disporum lutescens* 31,32,39
    *Disporum ovale* 31
    *Disporum sessile* 31〜40
    *Disporum sessile* var. *micranthum* 31,32,39
    *Disporum smilacinum* 25〜32,39
    *Disporum smilacinum* var. *album* 25,32
    *Disporum viridescens* 31,32,39

[E]

*Erythronium*
    *Erythronium dens-canis* var. *japonicum* 1,8
    *Erythronium japonicum* 1〜8

[F]

*Fagus grandifolia* 88
*Festuca vivipara* 87
*Fritillaria* 23
    *Fritillaria amabilis* 21,24
    *Fritillaria ayakoana* 21,24
    *Fritillaria camtshatcensis* 23
    *Fritillaria imperialis* 23
    *Fritillaria japonica* 21,24
    *Fritillaria japonica* var. *koidzumiana* 17,24
    *Fritillaria kaiensis* 21,24
    *Fritillaria koidzumiana* 17〜24
    *Fritillaria meleagris* 23
    *Fritillaria muraiana* 21,24
    *Fritillaria persica* 23
    *Fritillaria shikokiana* 21,24
    *Fritillaria verticillata* 23

[G]

*Gagea*
    *Gagea japonica* 47
    *Gagea lutea* 41〜48

[H]

*Helonias* 79
    *Helonias alpina* 79,80
    *Helonias breviscapa* 73,79,80
    *Helonias breviscapa* var. *flavida* 73,78
    *Helonias bullata* 79,80
    *Helonias kawanoi* 79,80
    *Helonias leucantha* 79,80
    *Helonias orientalis* 73,80
    *Helonias thibetica* 79,80
    *Helonias umbellata* 79,80
    *Helonias yunnanesis* 79,80
*Heloniopsis* 79
    *Heloniopsis orientalis* 73,80
    *Heloniopsis orientalis* subsp. *breviscapa* 73
    *Heloniopsis orientalis* var. *breviscapa* 73
    *Heloniopsis pauciflora* 73,80
*Hemerocallis cordata* 49,56

[L]

*Liliorhiza* 23
*Lilium*
    *Lilium cordatum* 49,56
    *Lilium cordatum* var. *glehni* 49,56
    *Lilium cordifolium* 49,56
    *Lilium glehni* 49,56

[N]

*Nomocharis* 47
*Notholirion* 47

[O]

*Orinithogalum luteum* 41,48
*Ovaria* 31

[P]

*Paradisporum* 31
*Petilium* 23
*Poa bulbosa* 87
*Prosartes* 31,39

[R]

*Rhinopetalum* 23
*Rubus*
    *Rubus microphyllus* 87
    *Rubus palmatus* var. *coptophyllus* 87

*Rubus parvifolius*　88

[S]

*Scilla orientalis*　73,80
*Streptopus*　31
*Sugerokia orientalis*　73,80

[T]

*Theresia*　23
*Trillium*
　*Trillium apetalon*　64,65,72
　*Trillium camschatcense*　57〜65,67,72
　*Trillium*×*channellii*　64,68,72
　*Trillium erectum* var. *japonicum*　57,64
　*Trillium govanianum*　63,64,69
　*Trillium*×*hagae*　64,67,69,72
　*Trillium kamtschaticum*　57,64
　*Trillium*×*miyabeanum*　64,69
　*Trillium obovatum*　57,64
　*Trillium pallasii*　57,64
　*Trillium rivale*　69
　*Trillium smallii*　64,69
　*Trillium tschonoskii*　64〜72
　*Trillium tschonoskii* from. *violaceum*　65,72
　*Trillium tschonoskii* var. *atrorubens*　65,72
　*Trillium tschonoskii* var. *himalaicum*　63〜65,72
　*Trillium undulatum*　69
　*Trillium*×*yezoense*　64,69

[U]

*Uromyces erythronii*　44
*Uvularia sessilis*　33,40

[Y]

*Ypsilandra*　79
　*Ypsilandra cavaleriei*　79
*Yucca*　83

# あとがき

　「植物生活史図鑑」の執筆・編集に過去6カ月あまりにわたり携わって改めて思うことは，企画をここまで進めるにあたり，いかに多くの方々にサポートをいただいたか，ということである。それにも増して，今回第1冊目の10種に及ぶ植物の生活史の全貌を取りまとめるにあたり，相当程度は個々の種のもつ生活史の全体像に迫れるつもりでいたが，いざ筆を進めれば進めるほど，いずれもなかなか手強い相手ばかりで，難問山積，頭を抱え込むことが多い日々であった。達成感とはほど遠い，巨大な山々が私たちの前に立ちはだかっているかの圧迫感の方がはるかに大きい，というのが正に実感である。個々の種のもつ生活史の完璧な全体像に迫るには，まだまだほど遠いという自戒を込めてこの冊子を世に送りだす次第である。読者の叱声をお受けしたい。

　ともあれ，このささやかなプロジェクトの芽は今から35年前にあり，当時，私の初任校，富山大学に勤務した1968年以来，延々と今日まで続いてきたものである。35年間に及ぶ永きにわたり，さまざまな発見の喜びと労苦を分かちあってきた長井幸雄・高須英樹・増田準三・林　一彦・平塚　明・中島秀章・大原　雅・松尾和人らの皆さん，また京都大学へ居を移した後も，「生活史図鑑」の刊行計画に賛同され，さまざまな機会に議論の場を共有し，かつ執筆の一部を快く担当いただいた堀　良通氏に厚く御礼申し上げたい。また，このたびの取材・データの収集・一部の執筆にご協力をいただいた西川洋子・工藤　岳・佐藤謙・岡安太郎・織田美野里・谷上典子の方々，そして貴重な写真を提供して下さった田中　肇・梅沢　俊・堀井雄治郎さんに対し，心より御礼申し上げたい。

　なお，今回本書で取りあげた種の地理的・生態的分布に関する資料の集約には，以下の非常の多くの方々ならびに博物館標本室のご尽力を得て完成できた部分が大きい。ここにご芳名を列挙させていただき，深く御礼申し上げる次第である。五十嵐博(北海道)，堀井雄治郎(東北地方全域)，細井幸兵衛・太田正文(青森県)，鈴木まほろ・大森鉄雄(岩手県)，藤田義成・佐々木叔枝・佐々木義春・松浦秀作・加藤節二・千葉惣永・米田　博・藤原重栄(秋田県)，加藤信英・安藤　徹・鈴木　暁(山形県)，鈴木三男・米倉浩司・早坂英介(宮城県)，黒沢高秀・米倉浩二・斎藤はじめ(福島県)，鈴木昌友(茨城県を含む北関東全域)，福田廣一(栃木県)，金井弘夫・清水建美(長野県)，田中徳久(神奈川県)，中込司郎(山梨県)，大森威宏(群馬県)，高橋　弘(岐阜県)，芹沢俊介(愛知県)，若杉孝生(福井県)，藤井伸二(近畿一円)，布施静香(兵庫県)，福田一郎，本多和茂，石川幸男，石澤進，京都大学総合博物館標本室，国立科学博物館筑波標本室，東北大学植物園植物標本室，北海道大学総合博物館標本室。

　「植物生活史図鑑」第1冊目に掲載した10種の生活史のイラストは，番場瑠美子・高山節子・中川洋子・河野修宏さんら，4名のイラストレータの方々の力作である。分布資料の地図上への入力は唐崎千春さんに担当していただいた。記して，ここに厚く御礼申し上げる次第である。終わりに，編集に多大の労をとられた成田和男・杉浦具子(北大図書刊行会)のお二方には，心より御礼申し上げたい。

　　2004年早春　　　　　　　　　　　　　　　　　　　　　　　監修者　河野　昭一

【監修ならびに執筆】
河野昭一
　京都大学名誉教授，放送大学客員教授，国際自然保護連合(IUCN)委員

【執筆ならびに協力】
大原　雅　北海道大学大学院地球環境科学研究科教授
高須英樹　和歌山大学教育学部教授
長井幸雄　富山県総合教育センター科学情報部部長
西川洋子　北海道環境科学研究センター研究員
林　一彦　大阪学院大学経済学部(生物学担当)教授
堀　良通　茨城大学理学部教授
増田準三　第一薬品工業株式会社

【協　　力】
岡安太郎・織田美野里・佐藤　謙・谷上典子・中島秀章・平塚　明

【イラスト】
河野修宏・高山節子・中川洋子・番場瑠美子

【写真撮影】
梅沢　俊・大原　雅・河野昭一・河野修宏・田中　肇・長井幸雄・西川洋子・林　一彦・堀　良通・堀井雄治郎・増田準三

【分 布 図】
版下制作/唐崎千春・河野昭一・林　一彦
カタクリ/河野昭一・五十嵐博・長井幸雄・本多和茂・石川幸男・石澤　進・若杉孝生・鈴木昌友
ヒメニラ/河野昭一・長井幸雄・林　一彦・堀井雄治郎・石澤　進・若杉孝生・鈴木昌友
コシノコバイモ/河野昭一・林　一彦・長井幸雄・若杉孝生
チゴユリ/河野昭一・長井幸雄・堀井雄治郎・五十嵐博・若杉孝生・鈴木昌友
ホウチャクソウ/河野昭一・堀　良通・長井幸雄・石澤　進・堀井雄治郎・若杉孝生・鈴木昌友
キバナノアマナ/河野昭一・五十嵐博・堀井雄治郎・石澤　進・長井幸雄・若杉孝生
ウバユリ/河野昭一・長井幸雄・石澤　進・堀井雄治郎・五十嵐博・若杉孝生
オオバナノエンレイソウ/河野昭一・五十嵐博・堀井雄治郎・福田一郎
ミヤマエンレイソウ/河野昭一・五十嵐博・堀井雄治郎・長井幸雄・若杉孝生・福田一郎
ショウジョウバカマ/河野昭一・布施静香・堀井雄治郎・五十嵐博・石澤　進・長井幸雄・若杉孝生

植物生活史図鑑 I
春の植物 No.1

発　行
2004年5月10日　第1刷Ⓒ

監修者
河野　昭一

著　者
大原　雅・河野昭一
高須英樹・長井幸雄・西川洋子
林　一彦・堀　良通・増田準三

発行者
佐伯　浩

発行所
北海道大学図書刊行会
札幌市北区北9条西8丁目北海道大学構内(〒060-0809)
Tel.011(747)2308/Fax.011(736)8605・http://www.hup.gr.jp/

図書設計
伊藤公一

印刷所
株式会社アイワード

製　本
株式会社アイワード

ISBN4-8329-1371-9

|  |  |  |
|---|---|---|
| 植物生活史図鑑 I ―春の植物No.1― | 河野昭一監修 | A4・122頁 価格3000円 |
| 植物生活史図鑑 II ―春の植物No.2― | 河野昭一監修 | A4・120頁 価格3000円 |
| 花の自然史 ―美しさの進化学― | 大原 雅編著 | A5・278頁 価格3000円 |
| 植物の自然史 ―多様性の進化学― | 岡田 博 植田邦彦編著 角野康郎 | A5・280頁 価格3000円 |
| 高山植物の自然史 ―お花畑の生態学― | 工藤 岳編著 | A5・238頁 価格3000円 |
| 森の自然史 ―複雑系の生態学― | 菊沢喜八郎 甲山 隆司編 | A5・250頁 価格3000円 |
| 土の自然史 ―食料・生命・環境― | 佐久間敏雄 梅田安治編著 | A5・256頁 価格3000円 |
| 野生イネの自然史 ―実りの進化生態学― | 森島啓子編著 | A5・228頁 価格3000円 |
| 雑穀の自然史 ―その起源と文化を求めて― | 山口裕文 河瀬眞琴編著 | A5・262頁 価格3000円 |
| 栽培植物の自然史 ―野生植物と人類の共進化― | 山口裕文 島本義也編著 | A5・256頁 価格3000円 |
| 雑草の自然史 ―たくましさの生態学― | 山口裕文編著 | A5・248頁 価格3000円 |
| 動物の自然史 ―現代分類学の多様な展開― | 馬渡峻輔編著 | A5・288頁 価格3000円 |
| 蝶の自然史 ―行動と生態の進化学― | 大崎直太編著 | A5・286頁 価格3000円 |
| ハチとアリの自然史 ―本能の進化学― | 杉浦直人 伊藤文紀編著 前田泰生 | A5・332頁 価格3000円 |
| 魚の自然史 ―水中の進化学― | 松浦啓一 宮 正樹編著 | A5・248頁 価格3000円 |
| 稚魚の自然史 ―千変万化の魚類学― | 千田哲資 南 卓志編著 木下 泉 | A5・318頁 価格3000円 |
| トゲウオの自然史 ―多様性の謎とその保全― | 後藤 晃 森 誠一編著 | A5・294頁 価格3000円 |
| 植物の耐寒戦略 ―寒極の森林から熱帯雨林まで― | 酒井 昭著 | 四六・260頁 価格2200円 |
| 新版 北海道の花[増補版] | 鮫島惇一郎 辻井 達一著 梅沢 俊 | 四六・376頁 価格2600円 |
| 新版 北海道の樹 | 辻井 達一 梅沢 俊著 佐藤 孝夫 | 四六・320頁 価格2400円 |
| 北海道の湿原と植物 | 辻井達一 橘ヒサ子編著 | 四六・266頁 価格2800円 |
| 写真集 北海道の湿原 | 辻井 達一 岡田 操著 | B4変・252頁 価格18000円 |
| 札幌の植物 ―目録と分布表― | 原 松次編著 | B5・170頁 価格3800円 |
| 普及版 北海道主要樹木図譜 | 宮部 金吾著 工藤 祐舜 須崎 忠助画 | B5・188頁 価格4800円 |
| 有用植物和・英・学名便覧 | 由田 宏一編 | A5・360頁 価格3800円 |

―――北海道大学図書刊行会―――

価格は税別